実務に役立つ

総合河川学入門

末次 忠司 著

鹿島出版会

まえがき

河川工学を学んだ学生が公務員として県庁に入ったとしよう。県庁では建設コンサルタントの社員と河川調査・計画・設計などに関する打合せが行われる。打合せでは、例えば、この川はセグメント1なので、侵食幅40m以上の高水敷幅があれば十分であるが偏流による侵食に注意……、また比供給土砂量から考えて、○○m^3/年程度の流砂量を考えておく必要があるが、川幅の広い区間で土砂堆積が進行すると洪水時の水位上昇が起き……。というような議論が行われる。しかし、学校の授業では、セグメント、偏流、比供給土砂量などについて学んでいなかったので、議論の内容がよくわからないということがある。

従来、河川工学の講義内容は、基本的な河川・洪水の特徴、雨水流出、河道計画、土砂動態などの知識を教えることに主眼が置かれていた。これからは基本的な知識だけでなく、実務に役立つ内容についても学校で教えて、学生も習得していく必要がある。

本書では両者を網羅して、社会人になっても役立つ河川学としての「総合河川学」を目指して、関連資料を収集し、執筆を行った。ぜひ習得して、勉強や実務に役立ててもらいたいと切望する次第である。

ちなみに「実務に役立つ」とは、仕事だけでなく、就職試験、公務員試験、技術士試験などの資格試験にも参考となるものであることを付け加えておきたい。

【本書の狙い】

＊河川の基礎知識と実務で関係する内容・項目を網羅している。

＊河道・流域で起きている現象を、プロセスを通して総合的視点より記述している。

＊大きなプロセスとしては、「山地形成→水循環・土砂生産→地形形成←→氾濫形態」がある。

＊従来の河川工学と異なる主な項目としては、山地の形成、土砂による地形形成、地形と氾濫、川と人間生活、現地での川・施設の見方、計測技術、破堤原因、計画洪水と堤防、河川と農業、渇水、具体的な河川管理などである。

＊「人間活動が河川に及ぼす影響」「今後想定される現象」についても記述している。

2015年1月

末次 忠司

目　次

4 水害

5 水害などに影響を及ぼすもの

6 対策

7 利水

8 環境

9 管理

1 河川全般

山地の形成

河川地形は山地地形に基づいて形成されるので、まずは山地地形の形成について勉強する。

＊山地は、海洋プレート運動による隆起か、火山活動により形成された。日本近海には4海洋プレート（太平洋、フィリピン海、ユーラシア、北米）があり、年間4～10cmの速度で列島側へ移動し、大陸プレートの下へ潜り込んでいる。

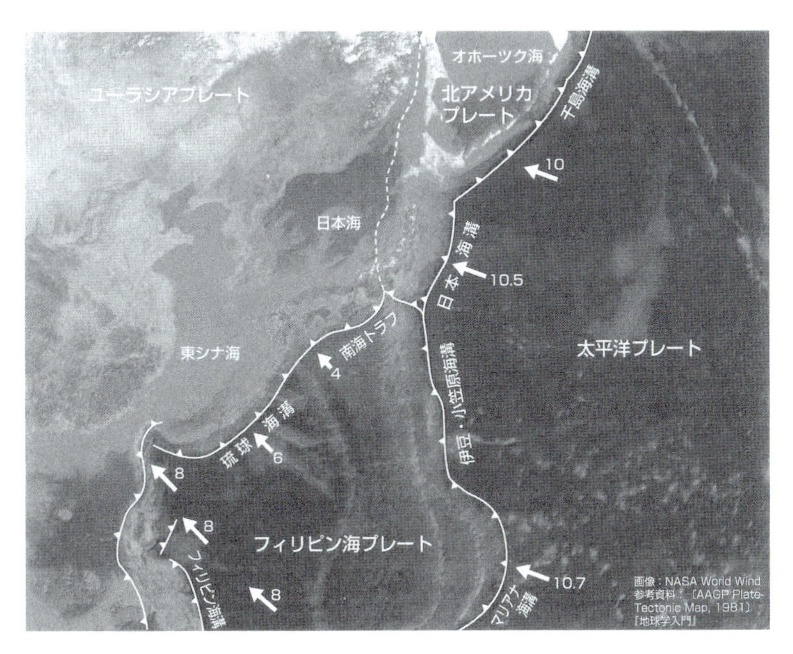

図-1　プレートの移動
出典［新星出版社編集部：徹底図解 地球のしくみ、新星出版社、2007年］

＊プレート運動：高温の地核→マントル対流→海嶺で湧き上り＋対流に沿ってプレート移動→大陸で沈み込み。

＊2,000年前に今の日本列島がほぼ形成されたが、隆起山地が形成されたのは100～200万年前（洪積世）以降である。それ以前は侵食された低地や準平原が多かった。

「浸食」と書く人が多いが、地形や河川では「侵食」が正しい。

＊山地の隆起速度は年間1mm前後であるが、中部地方などの速い所では年間3～4mmであった。中部地方で隆起速度が速いのは、構造線以外に3プレート（フィリピン海、ユーラシア、北米）が衝突しているからである。年間1mmの隆起であっても、100万年で1,000mの山となる。

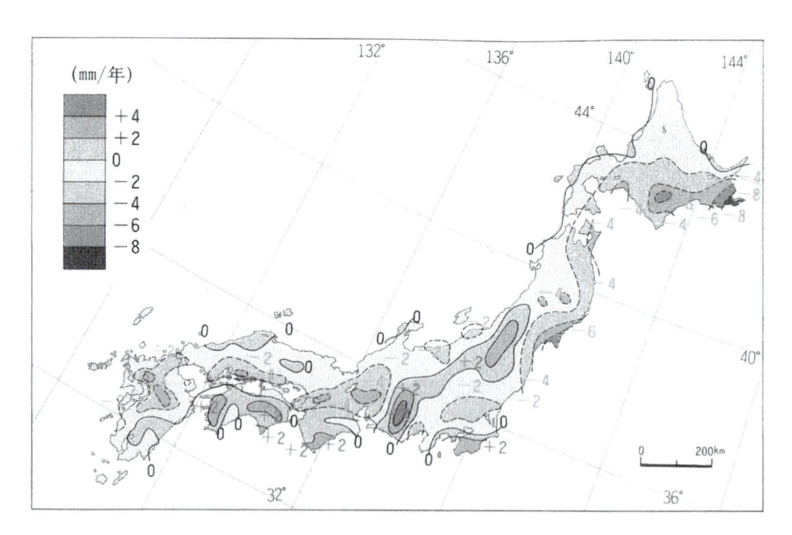

図-2　隆起速度の分布

出典［朝日新聞社：週刊朝日百科 世界の地理 60号　特集編 日本の自然、朝日新聞社、1984年］

＊標高が高い山地ほど不安定で土砂生産量は多い。

一般的な土砂生産量は、降雨量、河床勾配、地質、荒廃度により算定できる。

短期的には、400mm以上の日降雨量で崩壊に伴う大量の土砂生産が確実に発生する。

［参考文献］
● 新星出版社編集部：徹底図解 地球のしくみ、新星出版社、2007年
● 砂防学会監修：砂防学講座第5巻2　土砂災害対策、山海堂、1993年

水循環

河川および河川地形は、水循環のなかの降水を誘因として形成されるものである。

＊地球は水の惑星で、地球上には約14億km^{3}の水があるが、河川水はそのうちの0.00012％（約1,700km^3）にすぎない。海水が全体の97％を占める。

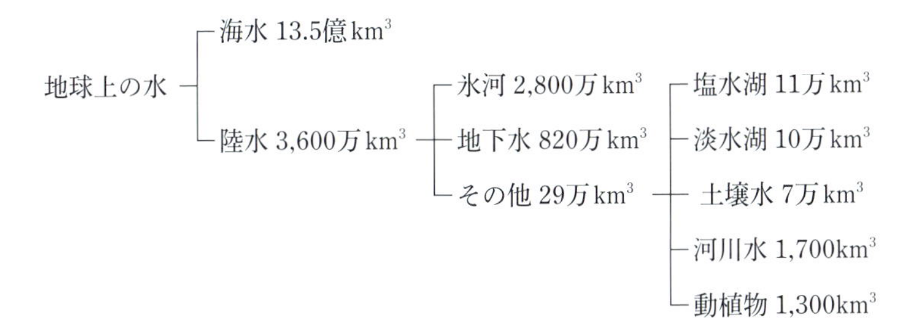

図-3　地球上の水の構成割合

＊水循環は、川、海、地表から水蒸気が蒸発して雲をつくり、雨となることから始まる。雨の一部は葉や枝で遮断され、地表に達した雨は浸透して、地下水となる。浸透量を超えた降雨は地表から川へ出て洪水となる。

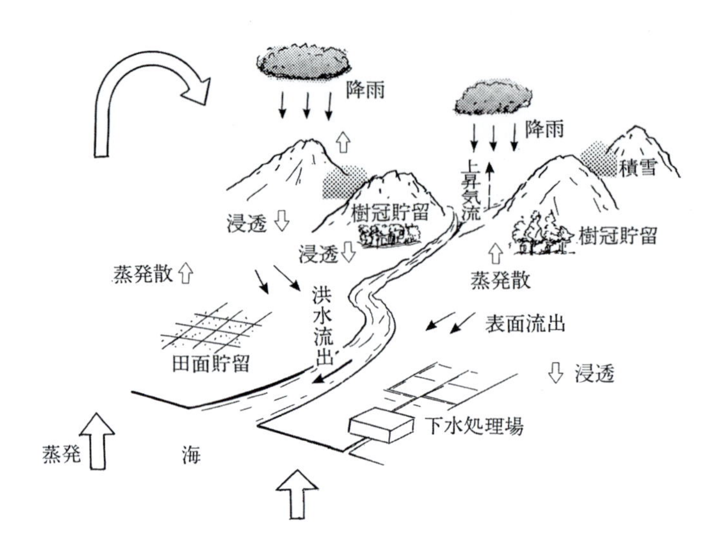

図-4　水循環の概念図

＊降水量の1/3は蒸発する。山地や関東ロームの地域では、雨水は浸透しやすい。コンクリートやアスファルトで覆われた地表では、浸透せずに雨水が速く河川へ流出してくる。

＊循環の速さは、河川水が数日～数週間であるのに対して、淡水湖は4年、地下水は600年という試算結果もある。

＊大量の水をもたらす要因に台風があり、昭和51年の台風17号は全国に834億トンの雨をもたらした（過去最大の降水量）。

＊地球温暖化や都市化によって気温が上昇すると、蒸発や上昇気流が活発となり、豪雨になる場合がある（「今後想定される現象」p.66参照）。

［参考文献］

- 末次忠司：図解雑学 河川の科学、ナツメ社、2005年
- Speidel and Agnew：The world water budget, Perspective on water, Oxford Univ. Press, 1988

雨に伴う洪水・土砂

降水により発生する洪水が土砂を運搬・堆積し、河川地形を形成する。

＊降雨量が一定量以上になると、河川へ流出して洪水を発生させる。本川の洪水は支川の洪水を取り込みながら、下流ほど大きな流量となる。

＊一般的には、最も延長の長い河川を本川とし、支川は本川に接続する支川を1次支川、1次支川に接続する支川を2次支川などという。
本川の延長は幹線流路延長といい、信濃川の367kmが最長である。

＊河川に雨水が流入する範囲を流域（または水系）と呼ぶが、流域の形状により、洪水の出方（比流量 Q/A）が異なる。Q は流量、A は流域面積、L は幹線流路延長である。

＊流域の形状特性は A/L^2 で表され、A/L^2 の大きな放射状流域（円形に近い）は Q/A がやや小さく、A/L^2 の小さな羽状流域（細長い）は Q/A がやや大きい。

放射状：　天神川、千代（せんだい）川
羽　状：　大井川、那賀（なか）川、四万十（しまんと）川

流域特性	流量・洪水	水系名	A/L^2
羽状流域 A/L^2 が小さい	・Q/A はやや大きな値（特に外帯河川では大きい）となる ・T/L は短くなることが多い	大井川 那賀川 櫛田川 四万十川	0.05 0.06 0.06 0.06
放射状流域 A/L^2 が大きい	・Q/A はやや小さな値となる ・T/L は長くなることが多い	淀川 天神川 千代川 肝属川	1.46 0.49 0.44 0.42

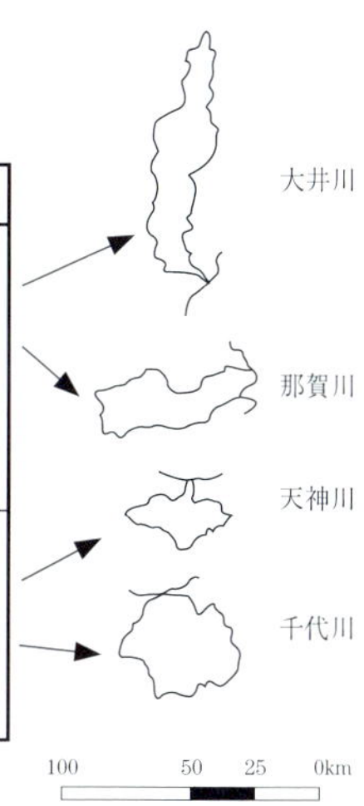

大井川
那賀川
天神川
千代川
100　50　25　0km

図-5　流域形状の特徴

＊降雨が強くなると、地表面の土砂が流れ出す。また豪雨になると、斜面崩壊などにより土砂や流木が河道に流入してくる。

＊地表面からは厚さ0.1mmオーダーで土砂が出てくるが、裸地で1mmオーダー、荒廃地で10mmオーダーで出てくる。全国では山地から1年間で約2億m^3の土砂が出てきて、約半分がダムや砂防堰堤(えんてい)に堆砂する。

＊残りの土砂が氾濫・堆積して、扇状地や平野を形成する。

＊水の流れが連続的なのに対して、土砂の流れは不連続である。すなわち、洪水により上流から運ばれてきた土砂は、いったん渓床や渓岸に堆積し、次の洪水で移動するということを繰り返して、移動している。

＊温暖化すると、山地において植生の被覆以上に豪雨による土砂生産が活発になるので、河床高が上昇する可能性がある（「今後想定される現象」p.66参照）。

［参考文献］

- 末次忠司：河川技術ハンドブック、鹿島出版会、2010年
- 須賀堯三・島貫徹・徳永敏朗：全国河川上流部の流出土砂量、土木技術資料、Vol.18、No.2、1976年

土砂動態

河川水中の土砂の動きは、粒径、河川地形、施設により異なる。

＊土砂は大きさにより、その挙動が異なる。土砂が移動を開始する水理量は、3cm以上の土砂では無次元掃流力$\tau_* = u_*^2/sgd = hI/sd > 0.06$、5mm程度の土砂では$hI/sd > 0.3$などより推定できる（$s$は水中比重で1.6）。例えば、勾配$I = 1/1{,}000$、粒径$d = 5$mmの区間では、$h > 2.4$mの洪水で土砂が移動する。

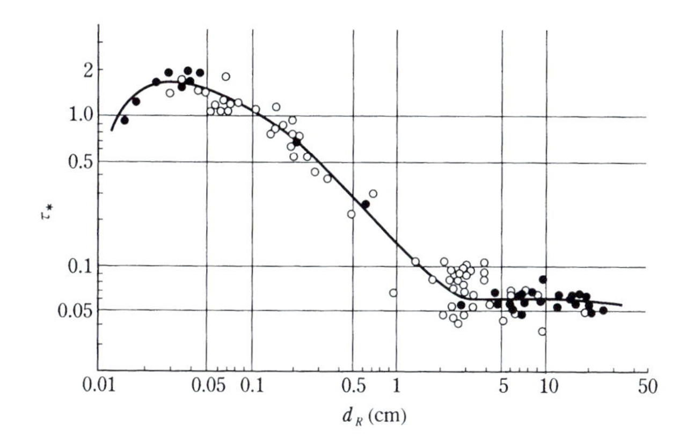

図-6　粒径と無次元掃流力の関係

出典［山本晃一：河道特性論、土木研究所資料 第2662号、1988年］

＊1mm以上の掃流砂は河床近くを移動し、浮遊砂（ふゆうさ）は水中を浮いたり沈んだりして移動し、0.1mm以下のウォッシュロードQ_Sは水中に浮いたままで移動する。

河川地形を形成するのは主として掃流砂である。

Q_S（m^3/s）は流量Q（m^3/s）に比例し、$Q_S = (10^{-8}〜10^{-6}) \times Q^2$の関係がある。

＊ダムがあればダム堆砂し、ダム機能を低下させる。

比堆砂量（ひたいさ）で見て1,000m^3/年/km^2（1mm/年相当）以上であれば、堆砂速度が速い。発電ダムで速い（堆砂の影響は少ない）。表中で佐久間ダム以外は発電専用ダムである。

表-1　堆砂が速いダム

順位	比堆砂量（m^3/年/km^2）			年間堆砂量（万m^3/年）		
	水系名	ダム名	比堆砂量	水系名	ダム名	年間堆砂量
1位	信濃川	高瀬ダム	4,800	天竜川	佐久間ダム	234
2位	黒部（くろべ）川	黒部ダム	3,400	大井川	畑薙（はたなぎ）第一ダム	93
3位	大井川	畑薙第一ダム	2,900	大井川	井川ダム	81

＊ダム堆砂は下流河川環境へ影響を及ぼすが、支川の合流等により影響は緩和される。
ダム堆砂→下流河道への影響：掃流幅の減少（深掘れ）、攪乱頻度の減少、河床材料の粗粒化。

＊河床低下が発生すると、ダムの影響とみられやすいが、河道掘削の影響もある。ダムが建設されると、下流河道で粒径の細かい土砂は速く反応するが、大きな土砂は反応が遅い。
流下能力を増やすための「河道掘削」と、工事用資源採取の「砂利採取」は異なる。

［参考文献］

- 山本晃一：沖積河川、技報堂出版、2010年
- 末次忠司：河川技術ハンドブック、鹿島出版会、2010年
- 末次忠司・野村隆晴・瀬戸楠美他：ダムの堆砂対策技術ノート、ダム水源地環境整備センター、2008年

2 地形・河川

土砂による地形形成

洪水により運搬された土砂が形成する地形の特性は、場所により異なる。

＊代表的な比供給土砂量：100～500m^3/年/km^2←ダム堆砂量（またはボーリングデータ）。
この値に流域面積を掛ければ、おおよその年間流砂量を推定できる。
なお、100m^3/年/km^{2}は0.1mm/年の侵食に相当する。
土砂の構成は砂利：砂：シルト＝（0～10％）：(35～40％)：(50～65％)である。
ここで、粒径は砂利：2cm以上、シルト：1/16mm以下。

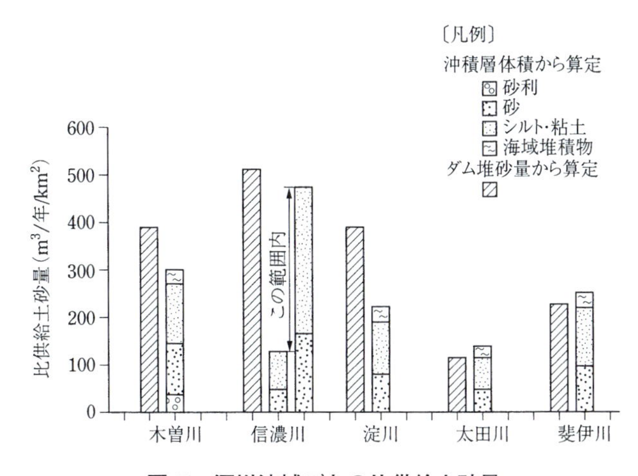

図-7 河川流域ごとの比供給土砂量

出典［山本晃一・藤田光一・赤堀安宏ほか：沖積河道縦断形の形成機構に関する研究、土木研究所資料 第3164号、1993年］

＊河川上流域から、谷底平野、盆地、扇状地、氾濫平野（自然堤防帯）、デルタの地形がある。

河道は河床勾配（洪水流速）や横断地形の影響により、山地河道や氾濫平野の河川は蛇行、扇状地やデルタの河道は直線的である。

なお、扇状地のままで海に突入する臨海性扇状地もある：土砂生産が活発な中部山岳地帯から流下する黒部川、常願寺川、神通川、富士川、大井川、安倍川、天竜川。

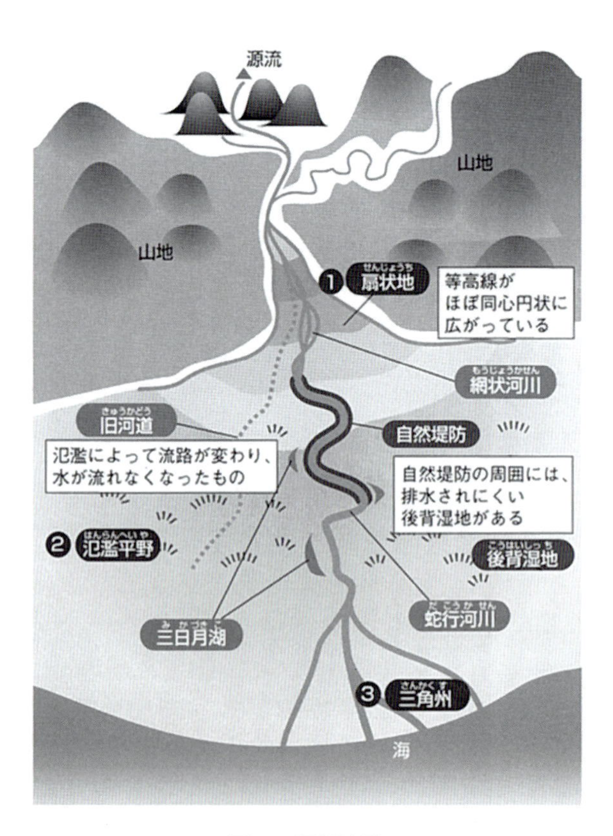

図-8　河川地形

写真-1　臨海性扇状地（大井川）
出典［朝日新聞社：週刊朝日百科 世界の地理 60号　特集編 日本の自然、朝日新聞社、1984年］

＊河川堤防も、自然堤防がベースとなってつくられている。
氾濫に伴う沿川への土砂堆積により、自然堤防が形成される。
自然堤防は、比高0.5〜3m、幅200〜600mである。
自然堤防により、排水性が悪くなって後背（こうはい）湿地ができている地域もある。

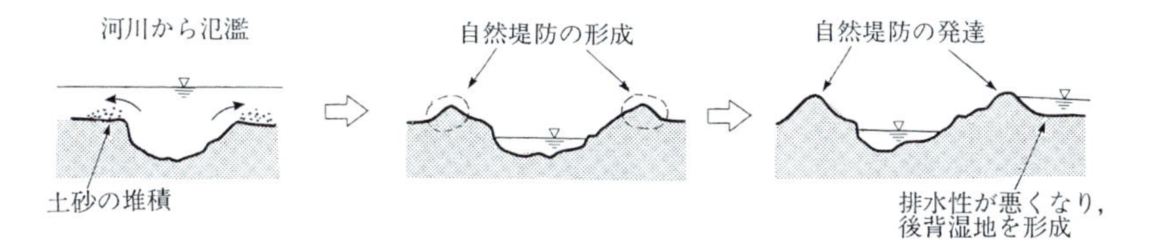

図-9　自然堤防と後背湿地

＊地形分類図などに記載されている自然堤防は、道路・家屋の建設で高さが低くなっているものも多い。

［参考文献］
- 山本晃一・藤田光一他：沖積河道縦断形の形成機構に関する研究、土木研究所資料、第3164号、1993年
- 末次忠司：図解雑学 河川の科学、ナツメ社、2005年
- 朝日新聞社：週刊朝日百科 世界の地理60号 特集編 日本の自然、朝日新聞社、1984年
- 籠瀬良明：自然堤防、古今書院、1975年

地形と氾濫

河川氾濫の特性は、地形特性とよく対応している。

＊地形は、洪水氾濫によって運搬された土砂の堆積により形成されたため、地形特性と氾濫特性とは密接な関係がある。

＊氾濫と地形の関係を示す一例：カスリーン台風（昭和22年9月）時、利根川破堤に伴う氾濫流は、旧河道（昔の河道）の古利根川を流下して埼玉・東京に被害をもたらし、最終的に4日かけて東京湾に達した（伝播速度約1km/h）。
多くの流域で伝播速度は約1km/hであるが、扇状地は勾配が急で伝播が早く、3〜5km/hに達する。

表-2　地形と氾濫特性

地　形	氾濫型	流速v、水深h	河川流域例
谷底平野、河岸段丘	沿川流下型	v、hともに大きい	沙流（さる）川、熊野川
扇状地	直進型	v大きい、h中程度	黒部川、安倍川
氾濫平野	直進型	v中程度、hやや大きい	利根川、木曽川
窪地状地形	貯留型	v小さい、h中〜大	長良（ながら）川、円山川
デルタ	拡散型	v小さい、h小〜中	北上川、利根川

タイプ	氾濫形態	事　例	氾濫の模式図
拡散型	氾濫水が広がりながら流下するタイプ	北上川（1947） 小貝川（1981） 刈谷田川（2004）	 デルタ or 後背湿地
貯留型	氾濫水が長時間滞留するタイプ	宇治川（1953） 長良川（1976） 円山川（2004）	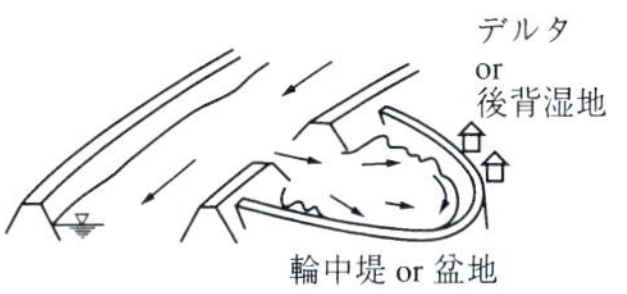 デルタ or 後背湿地 輪中堤 or 盆地
直進型	氾濫水が大きく広がることなく、ほぼ直線的に流下するタイプ	利根川（1947） 黒部川（1969）	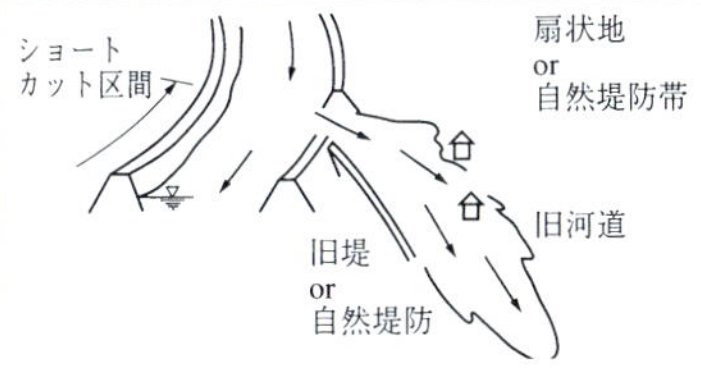 ショートカット区間 扇状地 or 自然堤防帯 旧河道 旧堤 or 自然堤防
沿川流下型	氾濫水が堤防沿いを流下するタイプで、氾濫原勾配が緩くなると貯留型に近くなる	三隅川（1983） 余笹川（1998） 沙流川（2003）	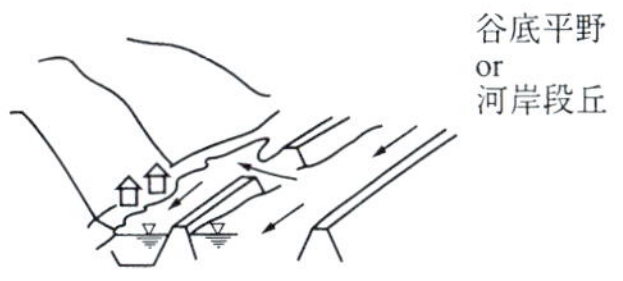 谷底平野 or 河岸段丘

図-10　地形と氾濫特性

出典［山本晃一・末次忠司・桐生祝男：氾濫シミュレーション(2)、土木研究所資料 第2175号、1985年］（加筆修正）

＊氾濫流により建物が流失する危険性は流体力v^2hで評価されるので、谷底平野や扇状地において流失危険性が高い：流体力10m^3/s^{2}以上が家屋損壊の目安となる。

氾濫水が建物に及ぼす抗力$D = 1/2 \cdot C_D A \rho v^2 = \underline{(1/2 \cdot C_D \rho)} B v^2 h$より、単位奥行き当りの抗力は$v^2h$で表現できる（$\underline{(1/2 \cdot C_D \rho)}$は一定値）。

v^2hの例：三隅川（昭和58年7月）5〜30m^3/s^2、那珂川支川余笹川（平成10年8月）3.4〜31.4m^3/s^{2}の氾濫流で家屋損壊。

＊氾濫に関係する地形は、治水地形分類図、土地条件図（市販）などで調

べることができる。

地形分類：自然堤防、旧河道、旧川微高地、落堀、干拓地など。

落堀は破堤原因にも関係する（「水害事例と破堤原因」p.53参照）。

［参考文献］

- 山本晃一・末次忠司・桐生祝男：氾濫シミュレーション(2)、土木研究所資料、第2175号、1985年
- 河田恵昭・中川一：三隅川の洪水、京都大学防災研究所年報、第27号、B-2、1984年

河川の形成

河川地形が形成されるのには一定のルールがある。河道特性はセグメントで表される。

* 洪水は高い所から低い所へ流れ、山地を侵食するようにして河川が形成される。
  河床高の縦断形状は、エネルギーとの関係より凹形となる。上流に急峻な山地を控えているため、急勾配で短い河川が多い。
* 山地や自然堤防帯では蛇行するが、扇状地や三角州ではやや直線的である。扇状地や三角州では洪水に伴って流路を変える場合があり、三角州では複数の川に分派している。
* 河口ではジェットの流れのように11度の角度で海へ拡散流下するので、この角度で河道をつくる必要がある。
* 河道は、通常時に水が流れる低水路と洪水時に水が流れる高水敷（こうすいしき）（野球グラウンドなど）からなる。低水路の大きさは平均年最大流量（1/2〜1/3確率）により決まる。扇状地では高水敷が維持困難な区間がある。
  河岸を洪水流から防護するのが護岸で、低水路沿いの護岸を低水護岸、高水敷より高い位置の護岸を高水護岸という。

＊このようにして形成された日本の河道の特徴は、「河床勾配が急である」「流路延長が短い」「流出土砂量が多い」である。このコントロールのためにダムが必要である。また、土砂が多く河床が高くなると、天井川となる。

＊急流河川の明確な定義はないが、河床勾配が1/500より急な河川をいう場合が多い。

＊河道の特徴を表すものにセグメントがあり、山地から下流へ向かってセグメント1、2、3と称される。セグメントは河床材料の粒径と河床勾配で分類され、河岸侵食や蛇行などの特徴を表す。

表-3 セグメント分類とその特徴

	セグメントM	セグメント1	セグメント2		セグメント3
			2-1	2-2	
地形区分	山間地				
		扇状地			
			谷底平野		
				自然堤防	
					デルタ
河床材料の代表粒径	様々	2cm以上	1〜3cm	0.3mm〜1cm	0.3mm以下
河岸構成物質	河床・河岸に岩が出ていることが多い	河岸表層に砂、シルトがのることがあるが薄く、河床材料と同一物質が占める	河岸下層では河床材料と同一で、細砂、シルト、粘土の混合物で構成されている		河岸はシルト、粘土で構成されている
河床勾配の目安	様々	1/60〜1/400	1/400〜1/5,000		1/5,000〜水平
セグメントごとの特徴	・河岸の侵食は激しい ・河道の蛇行は様々	・河岸の侵食は激しい（最大で40m） ・河道の曲がりは少ない ・洪水中の河床洗掘は埋め戻される	・河岸侵食は中程度（最大で20〜30m） ・砂河川では側方侵食速度よりも河床侵食速度が速い ・蛇行は激しい ・洪水中の河床洗掘は埋め戻される		・河岸はあまり侵食されない ・蛇行は大きい場合と小さい場合がある ・洪水ピーク後の埋戻しは顕著ではない

［参考文献］
- 末次忠司：図解雑学 河川の科学、ナツメ社、2005年
- 山本晃一：沖積河川、技報堂出版、2010年

河川の基礎知識

河川について勉強するために最低限必要な基礎知識を記述する。

＊川が流れてくる山側を上流、流れていく海側を下流という。上流に背を向けて、右手の川岸が右岸、左手が左岸である。したがって、図面も特に断りがない限り、右に右岸、左に左岸の様子が書かれている。

＊堤防より川側を川表、裏側を川裏という。堤防の上面は天端（てんば）、その両端を肩、堤防の下端を尻という。のり面の平坦になった箇所は小段という。川表の左右岸ののり尻間は堤外地、川裏側（人が住んでいる所）は堤内地という。

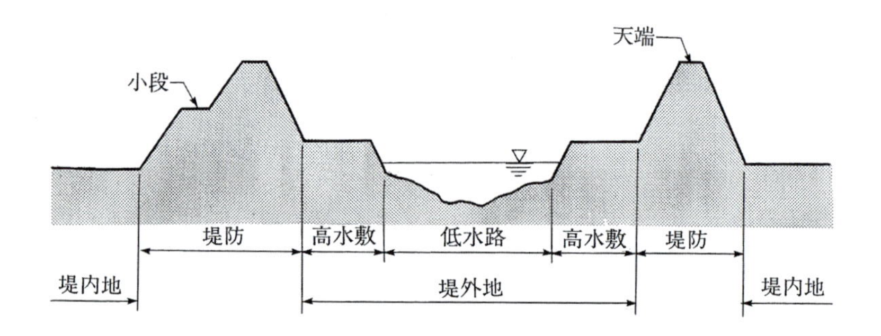

図-11　河川・堤防各所の呼び方（1）

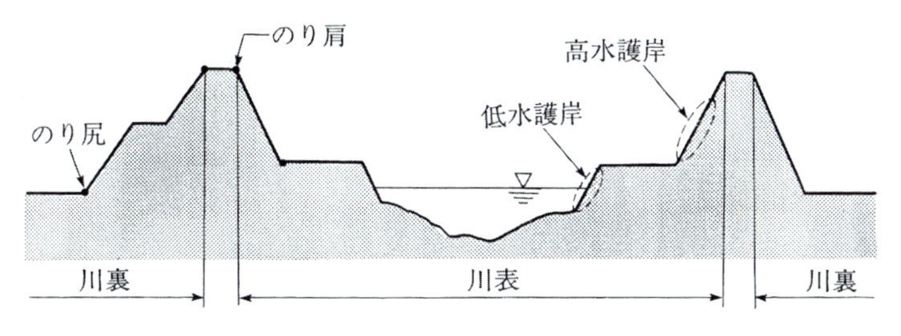

図-12 河川・堤防各所の呼び方（2）

＊のり面勾配は2割勾配などといい、2割とは鉛直1に対して水平2の勾配を表し、数字が大きいほど緩い勾配となる。河床勾配は1/2,000というように表し、1/2,000とは水平距離2,000mに対して標高差が1mの河床を表す。

＊流域面積が最大の河川は利根川（16,840km²）、幹線流路延長が最も長い河川は信濃川（367km）、川幅が最も広い河川は荒川（2,537m）、支川数が最も多い河川は淀川である。

表-4 流域面積と幹線流路延長

順位	流域面積		幹線流路延長	
1位	利根川	16,840km²	信濃川	367km
2位	石狩川	14,330km²	利根川	322km
3位	信濃川	11,900km²	石狩川	268km
4位	北上川	10,152km²	天塩（てしお）川	256km

＊流域面積は、流域全体で表す場合（上の表）と、観測地点上流域で表す場合がある。

＊河川名は、分合流に伴って変わったり、県境で変わる場合がある。信濃川は、長野県では千曲川、新潟県では信濃川という。紀の川は、奈良県では吉野川、和歌山県では紀ノ川という。

＊河川に関係する施設には、ダム、堤防、護岸などがあり、目的・役割別に分類すると、以下の図のようになる。

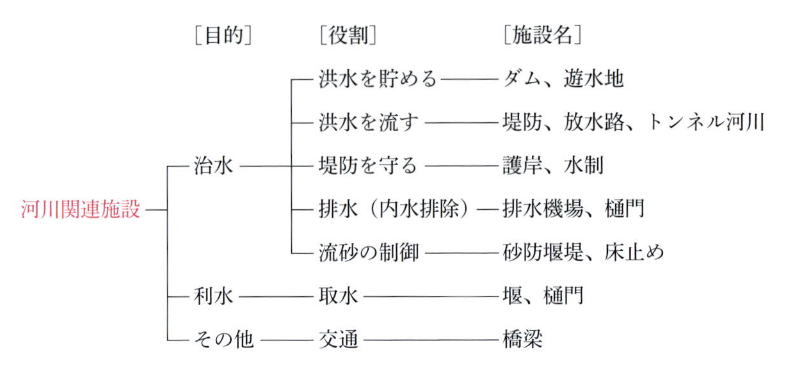

図-13　河川関連施設の分類

＊「10トン」とは流量10m³/sのことである。1m³＝1トンなので、簡略化して呼ばれる。「ハイウォーター」とは計画高水位（ハイウォーターレベル）のことである。

＊「工実」は、従来のマスタープラン名である工事実施基本計画（河川整備基本方針）のことで、「みお筋」とは、河床が深くなった場所を縦断的につないだルートである。

［参考文献］

● 末次忠司：河川技術ハンドブック、鹿島出版会、2010年

堤防の種類

堤防には、河道沿いに建設された堤防と流域に建設された堤防がある。

＊歴史的には従来山麓の傾斜地で水田灌漑が行われていたが、律令体制が整った飛鳥時代になると、水田は平野へ進出するようになった。しかし、

住居は微高地に構えることが多かった。そのため、氾濫水から守るために上流に築く尻無堤が建設された。江戸時代になると村囲いの堤防が建設され始め、徐々に連続堤へと発展していった。

＊堤防は、工費・工期、材料の取得、沈下・震災に対する修復、嵩上げ・拡幅が容易などの理由から土堤が原則となっている。

＊堤体材料については、粗粒分は強度を高めるが、粗粒分のみでは締固めが困難であり、細粒分は不透水性を高めるが、乾燥クラックを生じやすいといった長所・短所がある。

＊河川の堤防には、山付き堤、導流堤、高潮堤、横堤、霞堤、越流堤、囲繞（いぎょう）堤、高規格堤防などがある。

＊流域の堤防には、輪中堤、二線堤、周囲堤がある。

山付き堤：河道が山に接近すると、地山に取り付けて堤防とする。

導流堤：合流点では背割堤、分流点では分流堤ともいう。分合流点で洪水を誘導したり、河口部で漂砂を横切って、洪水を誘導するための堤防をいう。

高潮堤：河口の高潮区間の堤防で、波返しのためのコンクリートの三面張り堤防が多く、土堤でないため、特殊堤ともいわれる。

写真-2　高潮堤（隅田川）

横堤：堤防に直角に設けられた堤防で、洪水の流速を低減させて、高水敷の農地等を防護する堤防で、荒川や釧路川にある。

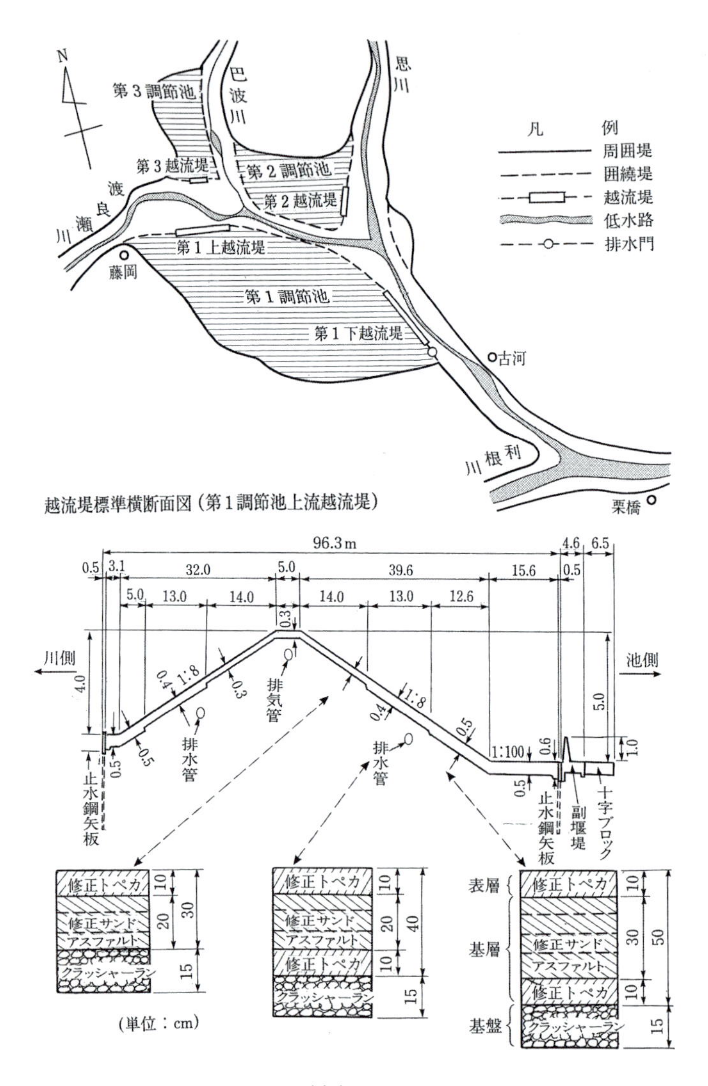

図-14　渡良瀬遊水地の堤防

出典［末次忠司・人見 寿：分散型保水・遊水機能の活用による治水方式、河川研究室資料、国土交通省 国土技術政策総合研究所 河川研究室、2005年］

霞堤：下流側の堤防を上流側の堤防の外側に重複するようにした堤防で、氾濫水を河道に戻したり（急流）、洪水を一時貯留する（緩流）役割を担っている。

越流堤、囲繞堤、周囲堤：いずれも遊水地に関係する堤防である。越流堤は、周囲より低くして洪水を遊水地へ流入させるための堤防で、アスファルト等でできている。囲繞堤は、遊水地を取り囲む河川堤防で、周囲堤は洪水を貯留するため遊水地の周囲に築いた堤防である。

高規格堤防：一般にはスーパー堤防といわれている。越水や浸透被害を発生させないよう、堤防高の約30倍の堤防幅を確保した堤防である。5水系6河川（利根川、江戸川、荒川、淀川、多摩川、大和川）で整備中である。

輪中堤：集落を取り囲むように築かれた堤防で、長良川流域などにある。

二線堤：破堤または越水した氾濫水が広がらないように、堤内地に築かれた堤防で、控え堤や副堤（高水敷上にもある）ともいわれる。昔は利根川や荒川にもあった。

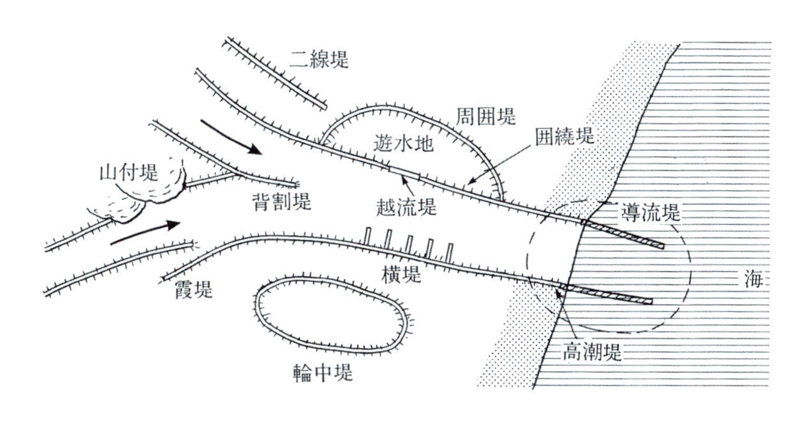

図-15　堤防の種類

［参考文献］

● 末次忠司：河川の減災マニュアル、技報堂出版、2009年

流路の変動

大きな侵食力や洪水により、河道の流路が移動する場合もある。

＊バングラデシュを流れるブラマプトラ川では、1830年洪水を契機として、最大で50kmも西へ移動している。流路の移動に伴い、橋梁の付け替えが必要となる場合もある。

＊ガンジス川支川のジャムナ川も、年間に約50m西へ移動するとともに、川幅も拡大傾向にある。移動するのは河岸材料が細粒で粘着力のないシルトで、侵食されやすいからである。

＊日本の河川も、長良川、鶴見川、小貝川などは年間に0.5〜3m河岸侵食されているが、海外の河川ほどではない。侵食区間は湾曲部の外岸側や低水路幅が狭い区間である。

＊河道の湾曲が進むと、洪水によりショートカットして、残った流路が三日月湖となる。石狩川や阿武隈川などに多く見られる。

＊新潟の阿賀野川は、流れが海岸砂丘により遮られ、古来より乱流していた。阿賀野川は河口付近で信濃川に合流していたが、1730年に松ケ崎放水路により信濃川から分離された。しかし、翌年融雪出水により堰が破壊し、放水路が本流となった。

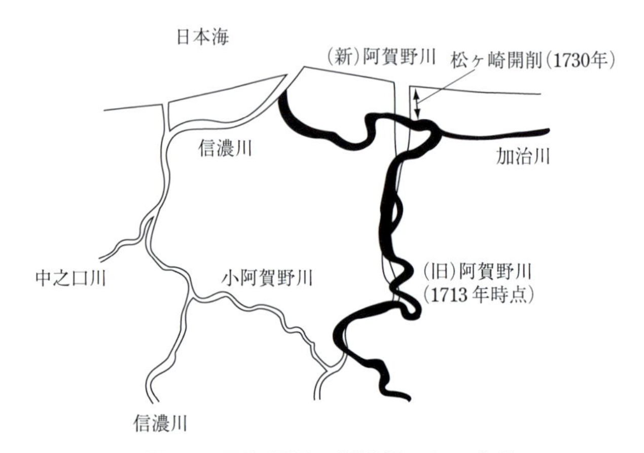

図-16　阿賀野川の信濃川からの分離

＊他に人為的に流路が付け替えられた例として、木曽川本流の付け替え、淀川と大和川の分離、由良川の付け替えなどがある。

［参考文献］

- 国際協力事業団：ジャムナ川架橋計画調査報告書Ⅱ 河川制御計画、1976年
- 渡邊明英・福岡捷二他：鶴見川における河岸の侵食・堆積速度と平衡断面形状、河川技術に関する論文集、第5巻、1996年
- 末次忠司：河川技術ハンドブック、鹿島出版会、2010年

川と人間

人間活動はいろいろな面で川と密接に関係している。

＊従来、食糧生産のための農業が重要産業で、そのために取水する河川は生活・産業上非常に重要であった。また、農業以外にも河川には舟運、排水路、親水などの機能があった。

＊都内では大正から昭和にかけて、下流域の水路が消失していった。特に目黒川・石神井（しゃくじい）川流域の小河川や水路が昭和30～60年に消失した。小河川や水路はフタをされ、家屋や道路に変わっていった。

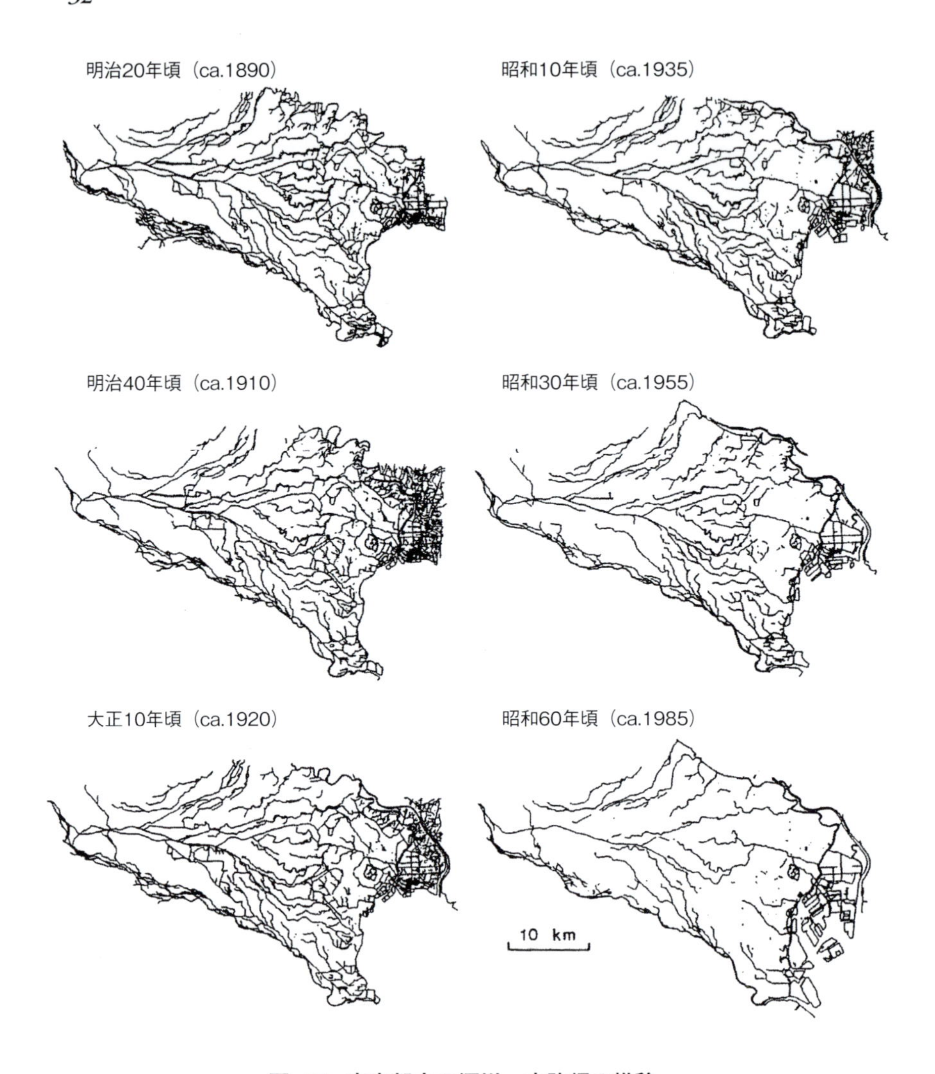

図-17　東京都内の河川・水路網の推移
出典［新井正：東京の水文環境の変化、地学雑誌 Vol.105 No.4、1996年］

＊近年、農業人口の減少、若者の都市志向のため、河川に対する意識が希薄になっている。また、水害危険意識も低下している。

＊河川の水害危険性については、多くの河川が沖積平野に形成されているため、洪水位が地表面より高く、いったん氾濫が発生すると、広い範囲

で氾濫被害が発生する危険性がある。すなわち、水害ポテンシャルは非常に高い。

＊計画の洪水位より標高が低い範囲を洪水想定氾濫区域（想氾区域）といい、全国に面積で10％、人口で50％、資産で75％を占め、いかに危険な場所で大勢の人が生活しているかがわかる。

表-5　想氾区域の面積割合

市名	割合	主要な河川名
大阪市	95%	淀川、大和川、寝屋川（ねや）
新潟市	76%	信濃川、阿賀野川
名古屋市	54%	庄内川、天白川（てんぱく）、日光川
仙台市	53%	名取川、広瀬川
福岡市	19%	那珂川（なか）、御笠川（みかさ）

＊日本は土砂が堆積して地形をつくる「堆積型」なのに対して、海外は河川が平野を侵食してつくる「開析型（かいせき）」のため、家は標高が高い所に位置し、川は一番低い所を流れている。

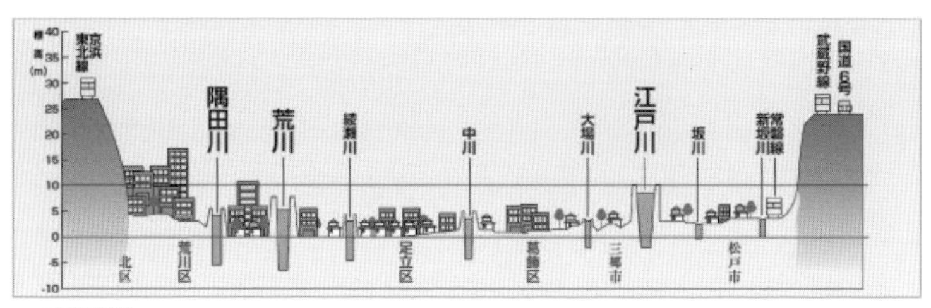

(a) 東京都内

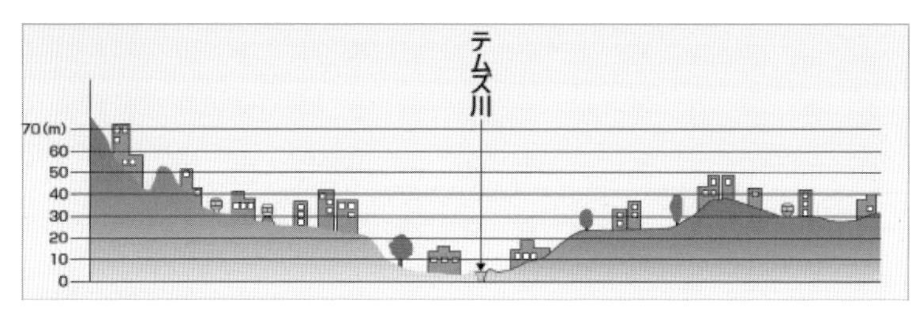

(b) 英国・ロンドン

図-18　河川と周辺の地形

[参考文献]

- 新井正：東京の水文環境の変化、地学雑誌、Vol.105、No.4、1996年
- 末次忠司：河川技術ハンドブック、鹿島出版会、2010年
- 国土交通省河川局：河川事業概要、2007年

3 雨・洪水・土砂

洪水・水害をもたらす豪雨

豪雨は、短時間豪雨と長時間豪雨の両方を見ておく必要がある。

＊日本記録（極値）：時間雨量187mm（長崎）、日雨量1317mm（徳島）。
豪雨（70mm/h以上）：アメダス約1,300地点で30〜70地点／年。経年的に増加傾向→特に平成10年以降変動が大きい。

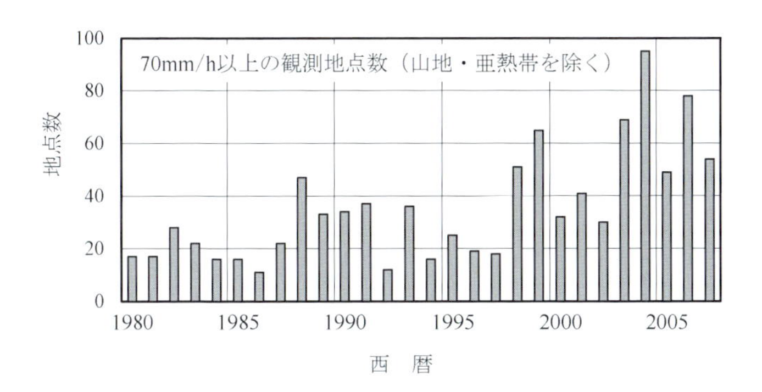

図-19　豪雨発生地点の経年変化

＊一般的に、40〜50mm/hで大雨警報、70〜100mm/hで記録的短時間大雨情報が発表される。
大きな水害（浸水5千棟以上）は総雨量300mm以上、時間雨量40mm以上で発生している。

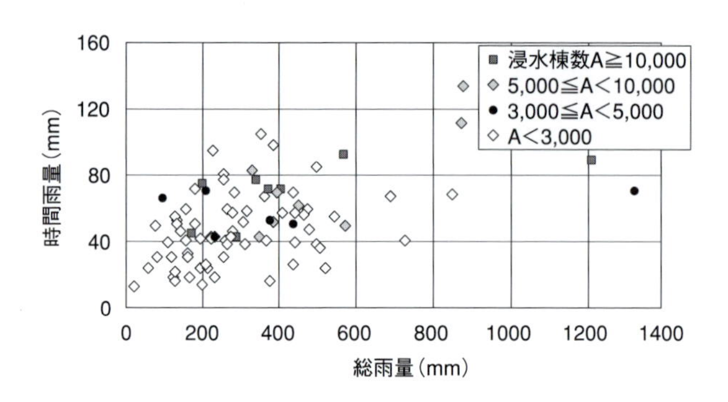

図-20　降雨と浸水被害の分布図

＊長時間の大規模豪雨：近年2,000mmを超える豪雨、海外では3,000mmを超える豪雨が発生している。

表-6　長時間の大規模豪雨

年 月	豪雨発生状況
平成19年7月	台風4号により九州南部で1,000mm以上
平成22年7月	梅雨前線により九州南部で1,200mm以上
平成23年9月	台風12号により紀伊半島南部で2,000mm以上
平成21年8月	台湾で3,000mm以上

＊台風と梅雨：台風は中心付近の最大風速が17.2m/s以上の熱帯低気圧で、年間約26個発生し、約3個上陸（最大で10個上陸：平成16年）する。雨台風と風台風がある。

梅雨は、オホーツク海高気圧と太平洋高気圧の間にできる降雨帯で、梅雨により大洪水となる地域は西九州と中国・四国の一部である。

＊気象原因から見た豪雨：台風＋前線、夏の猛暑＋上空に寒気の流入、梅雨前線＋湿舌（しつぜつ）

地上と上空で40℃以上の気温差→全面黒い雲と冷たい強風→豪雨

＊総雨量の空間分布

新潟：平成23年7月は平成16年7月の1.5倍→23年7月に中上流で豪雨→大きな被害とはならず（流域全体では23年7月豪雨の方が多い）。

愛知：平成23年9月は平成12年9月の1.2倍→23年9月に中流で豪雨→大きな被害とはならず（下流では12年9月豪雨の方が多い）。

下流の広い範囲で豪雨が発生すると、大きな水害となる。

＊集中豪雨：①5～7km^{2}の局地的集中豪雨と、②やや広範囲で発生する集中豪雨がある。

①神戸の都賀川（とが）（平成20年7月）、豊島区雑司が谷（ぞうしや）（平成20年8月）

②東京都杉並区（平成17年9月）、金沢の浅野川（平成20年7月）、岡崎の伊賀川（平成20年8月）

［参考文献］

● 末次忠司：河川技術ハンドブック、鹿島出版会、2010年

洪水の特徴

洪水は、水の速さ、流量、水位～流量関係に特徴がある。

＊洪水継続時間は大河川でも2～3日である。洪水上昇速度は大河川で速くて4～5m/hであるが、都市内の中小河川では10m/h（2m/10分）以上の河川もある。

洪水波の伝播速度は（1.5～1.7）vである：Kleitz Seddon（クライツ・セドン）の法則

← 発生が早い　　　　遅い →

ピークは、水面勾配 < 流速 < 流量 < 水位の順に発生

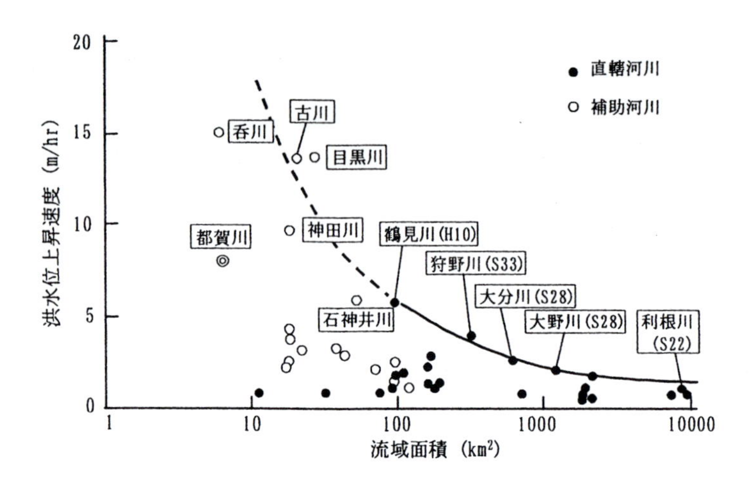

図-21　洪水位上昇速度

＊水位～流量カーブは大河川（複断面河道）や大洪水ではループを描く。これをヒステリシスといい、同じ水位Hに対して流量Qは増水期が減水期よりも多くなる。一般的には$H \propto Q^{1/2}$

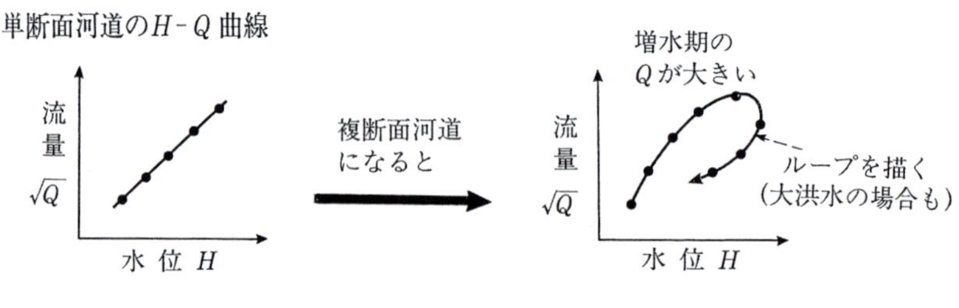

図-22　水位～流量曲線

＊（氾濫した洪水を除いて）観測された最大流量は熊野川の19,025m^3/s（昭和34年9月）で、これに基づいて計画高水流量19,000m^3/sが定められた。

表-7 洪水流量のランキング

順位	河川名	地点名	流量	年月	備考
1位	熊野川	相賀(あいが)	19,025m^3/s	昭和34年9月	外帯河川
2位	四万十川	具同	16,000m^3/s	昭和10年8月	外帯河川
3位	吉野川	岩津	14,470m^3/s	昭和49年9月	外帯河川
4位	木曽川	犬山	14,099m^3/s	昭和58年9月	流域面積が大
5位	仁淀川(によど)	伊野	13,514m^3/s	昭和38年8月	外帯河川

下流の河床が下がるなどして、水面勾配が大きくなると、大きな洪水流量となる。

流域面積で割った比流量は狩野川（12.6m^3/s/km^2)、櫛田川（12.3m^3/s/km^2)、那賀川（11.8m^3/s/km^2）など、中央構造線南側の外帯河川で大きい。

＊上流は川幅が狭く、勾配が急なため流速が速く、下流は川幅が広く、勾配が緩いため流速が遅い→下流ほど、時間に対する洪水流量（水位）の形（ハイドログラフ）は扁平となる。

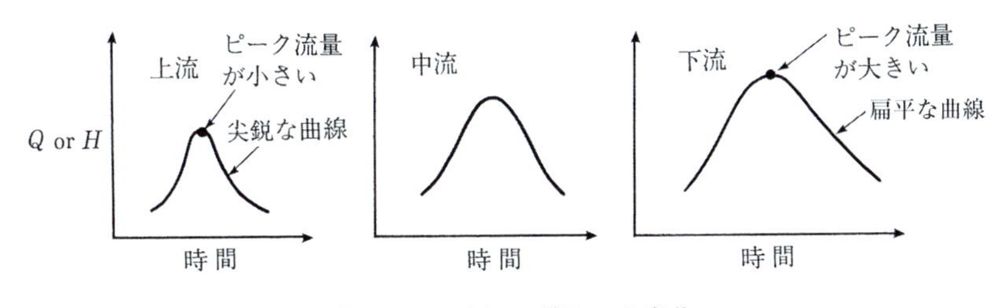

図-23 ハイドログラフの変化

＊河道が湾曲していたり、高水敷が広いまたは樹林が多いと、洪水の疎通が悪くなり、河道内貯留を引き起こす場合がある。河道内貯留は流下能力からみるとよくないが、まだ整備が十分でない下流の流量を軽減する

という意味はある。

*川の表面が結氷すると、洪水が流れにくくなり、溢れることがある。それに対して、中国では爆弾で氷を破壊することがある。

*融雪出水は3〜5月に発生。台風期洪水流量の1/10程度であるが洪水継続期間が長い。

［参考文献］

- 末次忠司：図解雑学 河川の科学、ナツメ社、2005年
- 吉川泰弘・渡邊康玄：大規模洪水の影響による融雪出水時の物質輸送の変化、土木学会第60回年次学術講演会講演概要集、2005年

水の流れ方と砂州

洪水は河川地形に従って流れるが、砂州や施設があると流れ方や洗掘が変わってくる。

*洪水は、小洪水では低水路に沿って流れるが、大洪水では堤防に沿って流れる。したがって、低水路を越えたり、落ち込んだりするときに侵食を起こす場合がある。

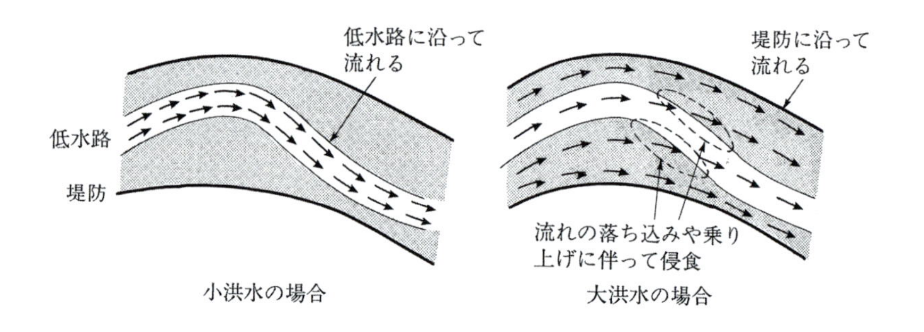

図-24　洪水流の流向

＊河道断面や勾配が変化しない、すなわち水深や流速が変化しない流れは等流、水深や流速が場所により変化する流れは不等流、水深や流速が場所・時間により変化する流れは不定流という。

＊等流の流速vは、マニング式 $v = 1/n \cdot R^{2/3} \cdot I^{1/2}$で計算する。
nは粗度係数（0.02～0.05）、Rは径深（＝面積／潤辺）、Iは勾配である。
例：川幅50m、勾配1/500の河道に水深5mの洪水が流れるとき、流速vは3.9m/sとなる。

加速度項　移流項　水面勾配項　抵抗項

$$\frac{1}{g}\frac{\partial v}{\partial t} + \frac{\partial}{\partial x}\left[\frac{v^2}{2g}\right] + \frac{\partial h}{\partial x} - I + \frac{n^2 v^2}{R^{4/3}} = 0 \quad \text{（運動方程式）}$$

マニング式：$-I + \frac{n^2 v^2}{R^{4/3}}$
不等流計算式：移流項～抵抗項
不定流計算式：加速度項～抵抗項

図-25　不定流式中で考慮する項

ここで、A：断面積、t：時間、Q：流量、v：流速、h：水深、I：河床勾配、n：粗度係数、R：径深

＊通常の計算は不等流で十分であるが、潮汐が影響する河口では不定流計算を行う。
河口は、土砂堆積により河口砂州が形成される。砂州により河口幅が1/2になると水深は1.6倍になる。洪水により砂州はフラッシュ（流失）されるが、洪水後波浪や潮汐に伴う土砂により再度形成される。

＊横断面で見た流速分布は、河道中央の水表面よりやや下の場所で最大流速となる。

＊湾曲部では外岸側の流速が速い。また、遠心力と水圧の関係より横断的な2次流が発生し、外岸側が侵食され、内岸側に砂州ができる。

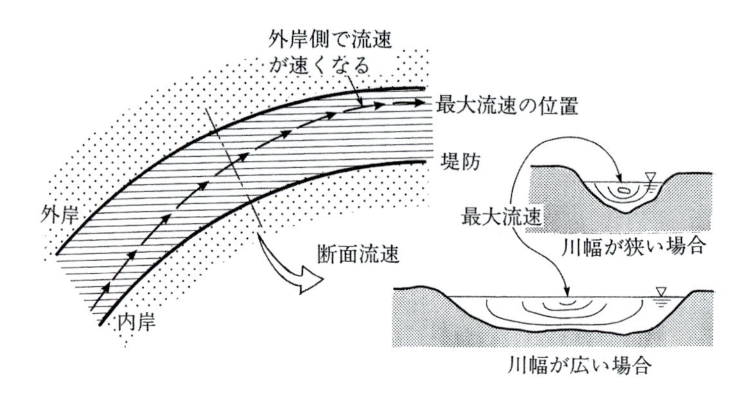

図-26　最大流速の発生箇所

＊この砂州の移動に伴うものと、洪水の掃流力により河床高は変動する。
河床変動には、長期的な変動と短期的な変動がある。
長期的にみると、ダム建設や河道掘削等に伴う低下傾向の河川が多い。
短期的にみると、洪水のピークで最も河床が下がり、その後短い時間で河床が戻るものが多い。

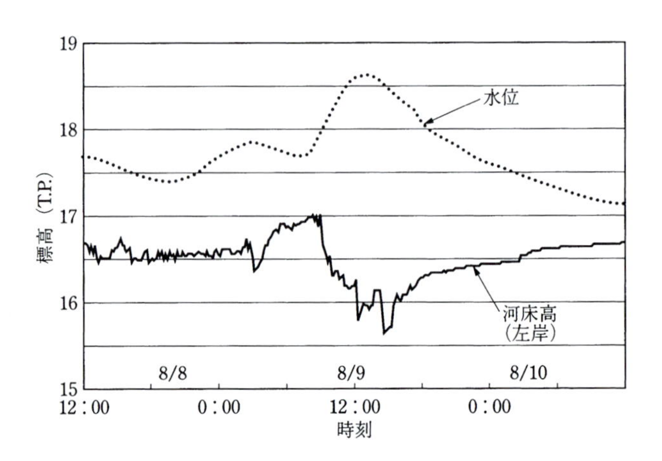

図-27　洪水時の河床変動

＊河床低下は洪水流下能力を増大させるが、橋梁・護岸の基礎に悪影響を及ぼすとともに、取水を困難にする。

＊河床変動計算は、洪水流の計算式に、土砂の連続式と流砂量式（芦田・道上の式など）を組み合わせて行う。長期変動では30年間程度の計算を行い、水制などの施設周りの詳細な計算では2次元計算（長谷川の式など）を行う。

$$\frac{\partial z}{\partial t} + \frac{1}{B(1-\lambda)} \cdot \frac{\partial (q_t \cdot B)}{\partial X} = 0 \quad ：連続式$$

ここで、z：河床高、t：時間、B：川幅、λ：砂礫の空隙率（0.3～0.4）、q_t：単位幅当りの流砂量

＊川幅／水深比が$B/H \leqq 70$の交互砂州では砂州波高の8割の洗掘を生じ、$B/H \geqq 140$の複列砂州では洗掘深は流量とともに増大する（平均年最大流量でみてBは水面幅、Hは平均水深）。同じ川でも区間により砂州形態が異なったり、複合している場合もある。

表-8 砂州の分類

砂州名	発生条件	砂州長	河 川 例
交互砂州	B/H ≦ 70	500～2,500m	阿武隈川、紀の川、吉野川、那賀川
複列砂州	B/H ≧ 140	200～600m	姫川、手取川、庄川、高梁（たかはし）川
うろこ状砂州	B/H ≧ 数百	100～500m	大井川、安倍川、黒部川、斐伊（ひい）川

注）砂州長とは縦断（流れ）方向に見た砂州の長さである。

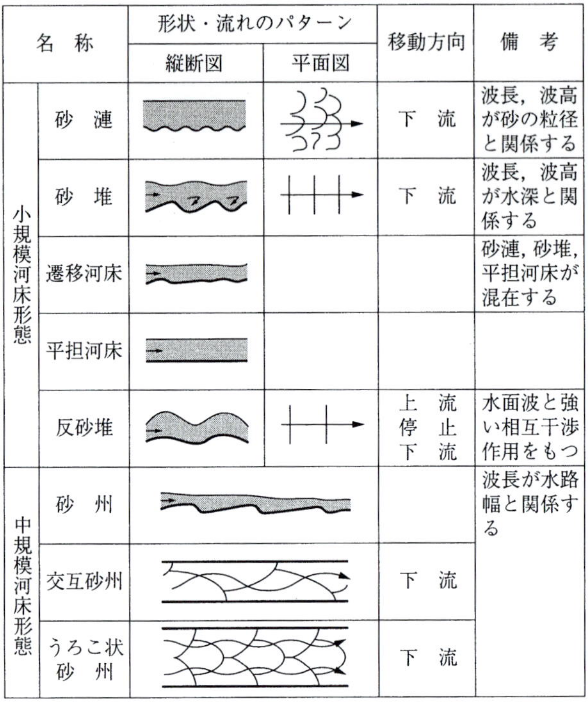

名称		形状・流れのパターン		移動方向	備考
		縦断図	平面図		
小規模河床形態	砂　漣			下　流	波長，波高が砂の粒径と関係する
	砂　堆			下　流	波長，波高が水深と関係する
	遷移河床				砂漣，砂堆，平坦河床が混在する
	平坦河床				
	反砂堆			上　流 停　止 下　流	水面波と強い相互干渉作用をもつ
中規模河床形態	砂　州				波長が水路幅と関係する
	交互砂州			下　流	
	うろこ状砂州			下　流	

図-28　河床形態

出典［土木学会水理委員会編：水理公式集（平成11年版）、丸善、1999年］

＊粗粒化に伴い複列砂州が単列化したことによって、洗掘深が深くなり、侵食災害となることがある。また、固定した砂州や樹木群があると、洪水流が曲がって（偏流）、河岸や堤防を侵食する場合がある。

＊河床形態は蛇行のような大規模河床形態に対して、砂州は中規模河床形態、更に細かい小規模河床形態がある。小規模河床形態は洪水流量の増大に伴って、砂漣（されん）→砂堆（さたい）→平坦河床→反砂堆に変化し、形態により抵抗が異なる。

無次元掃流力τ_*＝1～2では平坦河床となり、水位が増えなくても流速や流量が増えることに注意する（τ_*は「土砂動態」p.14参照）。

［参考文献］
● 末次忠司：図解雑学 河川の科学、ナツメ社、2005年
● 山本晃一：沖積河川、技報堂出版、2010年
● 末次忠司：河川技術ハンドブック、鹿島出版会、2010年

現地での川・施設の見方

現地の状況を見ると、洪水や施設の状況を推定・判断することができる。

＊低水路や堤防の法線形より、洪水の流れをある程度推定することができる。
　草の倒れた方向、巨礫の堆積形状から洪水の流向を知ることができる。
＊堤防、河岸、樹木に残った草や枝などの高さより、最近起きた洪水の水位を知ることができる。
　河道内に樹木が多い区間は、近年大きな洪水が発生していない区間である。
＊砂防堰堤や床止めがある区間は、土砂移動が活発な区間である。
　大きな砂州は動きが遅いが、小さな砂州は動きが速い。
　「床止め」は砂防区間では「床固め」と言う。
＊堤防に横亀裂があると、護岸の基礎工・根固め工が沈下している危険性あり。
＊護岸が部分的でも沈下していると、護岸下が陥没したり、土砂が抜け出ている場合がある。

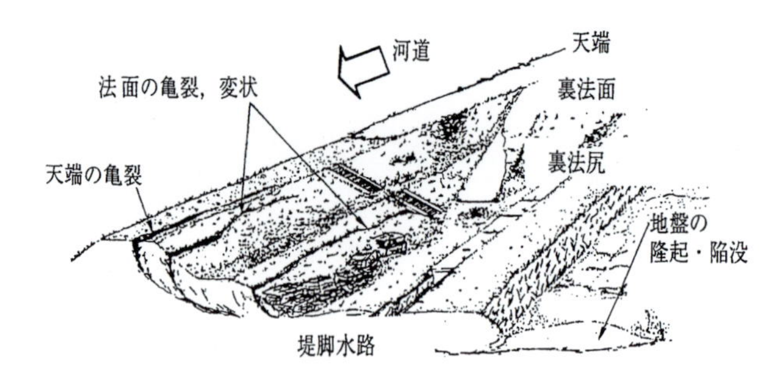

図-29　堤防変状の確認ポイント

＊樋門は周囲の堤防に追随して沈下せずに抜け上がると、施設（特に底面）周囲に空洞が発生する場合がある。

［参考文献］

- 末次忠司：これからの都市水害対応ハンドブック、山海堂、2007年
- 末次忠司・川口広司他：講座 土構造物のメンテナンス 6.河川堤防における点検と維持管理、土と基礎、54-8、2006年

計測技術

河川に関係する雨量、水位、流速、流砂量、河床高を計測する様々な技術がある。

＊雨量は、転倒マス型雨量計で計測する。近年レーダー雨量計（C、Xバンド）による広範囲の観測も行われている。Xバンドレーダーは精度良く観測できるが、観測範囲はCバンドより狭い。

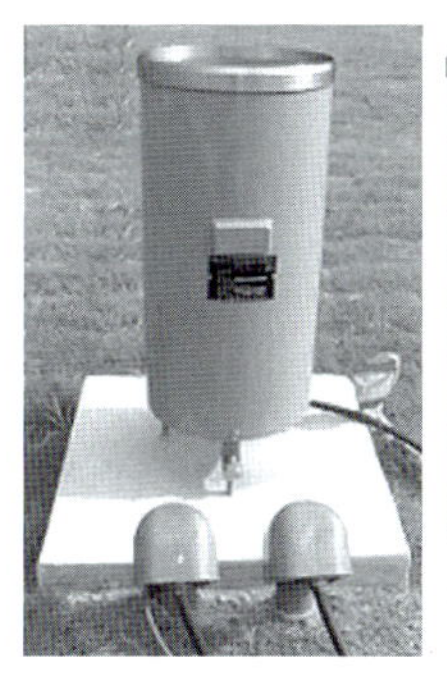
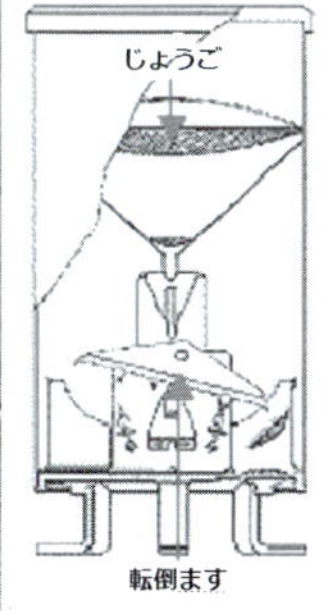

(a) 転倒マス型雨量計

(b) レーダー雨量計

図-30　雨量計とレーダー雨量計
出典［(a)：奈良気象予報台ホームページ、(b)：山梨大学 水工学研究室］

＊水位は、フロート式またはデジタル式水位計により計測されているが、小型で安価な圧力式水位計もある。量水標で水位を読み取ることもできる。

＊流速は一般には断面ごとに浮子（ふし）を流して調べ、この値に断面積を掛けると流量となる。浮子の長さに対して、更正係数を乗じて平均流速を出す。他に超音波流速計、電磁流速計（これらは表面流速の計測）、ADCPなどがある。

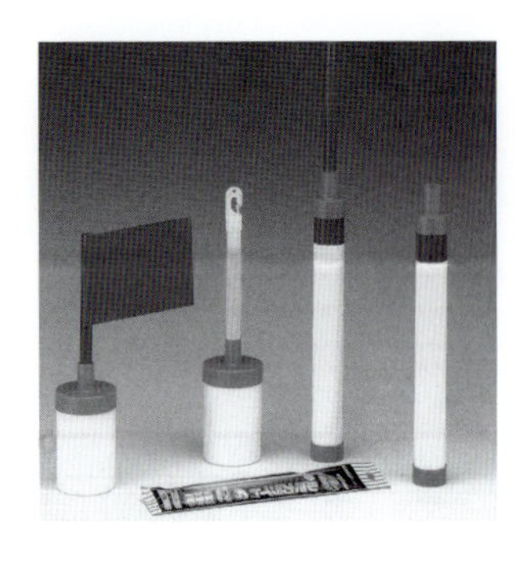

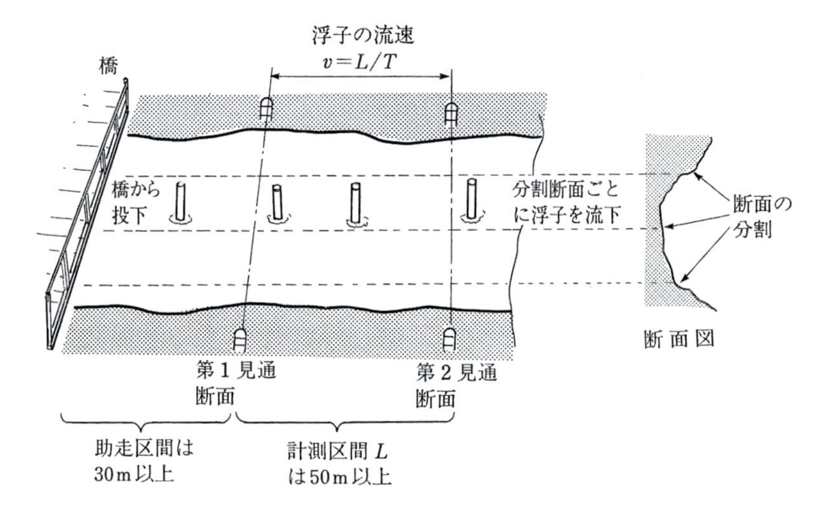

図-31　浮子を用いた流量観測［写真：神山製作所カタログより］

＊流砂量を計測する技術としては、このADCPの音響強度を用いて換算する方法があるが、バケツ採水で求めるのが一般的である。バケツ採水は表面水採水で、粒径が0.2～0.3mm以下の濃度勾配がない土砂が対象となる。

そのほかに、濁度計（～0.42mm）、自動採水装置（～1mm）、水中ポンプ（～2mm）で計測できる。大きな掃流砂はサンプラー（筒状の金属製容器）で採取して計量する。

写真-3　自動採水装置

＊河床高は、砂面(さめん)計、洗掘センサーで計測する。光電式砂面計はＨ鋼の両端から内側に発射された光の感知で河床高を検知する。洗掘センサーは河床内の樹脂ブロックが河床変動に伴って浮上し、その電波受信により河床高を計測する。

表-9　河床高測定装置の長所・短所

装置名	設置河川	長所・短所
光電式砂面計	安倍川、富士川、日野川	Ｈ鋼回りの洗掘により、河床高が低く計測される場合があるが、河床低下と上昇が計測できる
超音波式砂面計	姫川、高瀬川	
洗掘センサー	黒部川、姫川、手取川、庄川	河床洗掘は計測できるが、河床高の戻りは計測できない。また、洪水後にセンサーを再度設置する必要がある

＊ダムの堆砂量は、堆砂面の高さを測量し、元河床との差から求める。堆砂面は、音響測深法であるシングルビームソナー測量、ナローマルチビームソナー測量、3次元サイドスキャンソナーなどにより測量する。

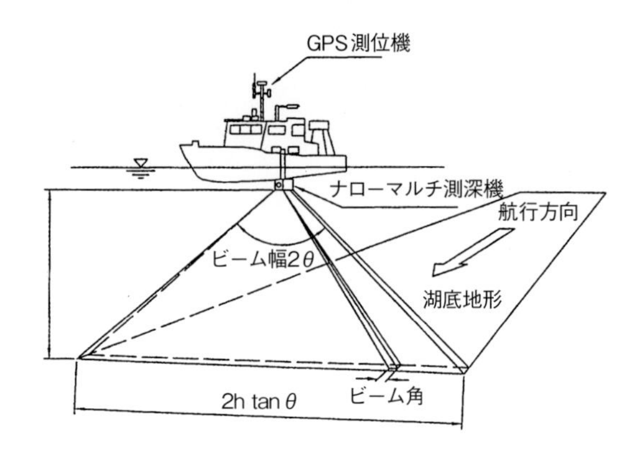

図-32　ナローマルチビームによる測深の概念図

[参考文献]

- 辻本哲郎監修：川の技術のフロント、技報堂出版、2007年
- 末次忠司：河川技術ハンドブック、鹿島出版会、2010年

4 水害

水害被害

水害被害は、いろいろな分類ができ、傾向として「7の法則」が見られる。

＊水害は、氾濫被害のほかに、土砂災害、高潮・津波災害なども含まれるが、狭い意味では氾濫被害だけを指す場合もある。土砂災害には、土石流、地すべり、急傾斜地崩壊がある。
被害額は氾濫被害がほとんどだが、死者数は土砂災害が多い。

＊国土が荒廃した戦後から昭和30年代半ばまでに大水害が発生したが、その後減少し、過去20年間では死者・行方不明者数が約70名／年、水害被害額が約7千億円／年、被災家屋数が約7万棟／年である（7の法則）。

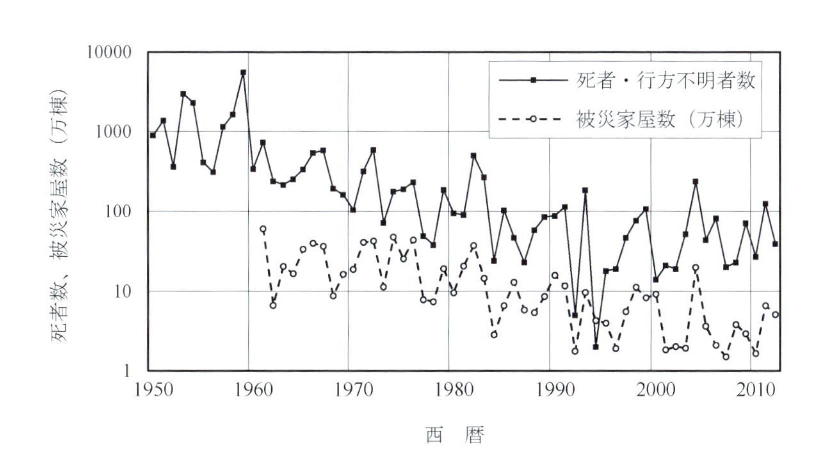

図-33　水害による死者・行方不明者数と被災家屋数の変遷

＊死者・行方不明者数や被災家屋数が減少しているのに対して、水害被害額はほぼ横這いである。これは都市水害の発生により、被害額が減少しないためである。

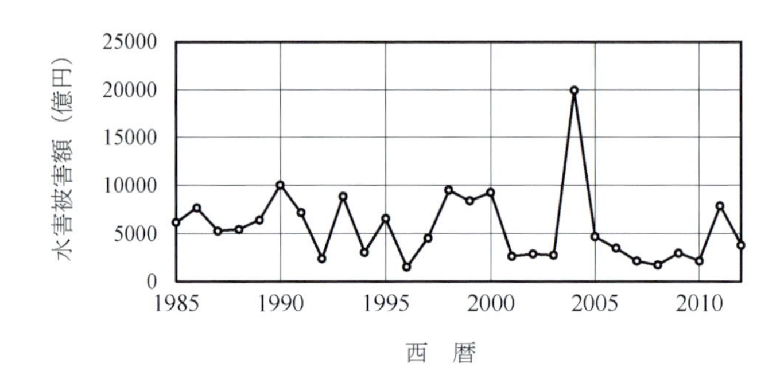

図-34　水害被害額の推移

＊氾濫被害（外水）は、越水、侵食、浸透に伴う破堤などにより発生する。一方、水路や下水道からの内水もある。

＊越水被害：中小河川や山地河川で多い、破堤すると大被害となる。
侵食被害：山地河川や急流河川で多い、砂州などが原因の場合もある。
浸透被害：大河川や下流域で多い、長時間洪水で発生する。

＊洪水流下能力以外でみて、水害の要注意箇所は表のとおりである。洪水が堤防を越水するとき、越流水深が高くなる前に、越流区間長が長くなる。また、越流水のせん断力は越流水深に比例するので、部分的に堤防が低いと、その区間で大きなせん断力となるので破堤しやすい。

＊河道内に帯工などの施設があると、固定砂州と同様に洪水流の流向を変化させる。

表-10 水害の要注意箇所

水害の発生形態	発生河川例
部分的に堤防高が低い→越水→破堤	信濃川支川五十嵐川・刈谷田川、九頭竜川支川足羽川、円山川
支川が緩勾配→本川から逆流→支川で越水	熊野川支川相野谷川、仁淀川支川宇治川
河道内に固定砂州→洪水流が偏流→侵食	阿武隈川支川荒川、富士川支川釜無川

［参考文献］
● 末次忠司：河川の減災マニュアル、技報堂出版、2009年

水害事例と破堤原因

水害には大水害と小水害があり、破堤原因も、越水か浸透か侵食かを見極める技術がある。

＊水害の発生プロセス例（大水害）

西日本水害（昭和28年）：豪雨→多数の破堤→大きな年間被害額（3兆円以上）

伊勢湾台風（昭和34年9月）：高潮→貯木の流木化→人・建物の被災（死者5,098名）

写真-4　伊勢湾台風による被災状況［写真提供：中日新聞社］

＊水害の発生プロセス例（近年の水害）

東海豪雨（平成12年9月）：豪雨→庄内川支川新川 浸透・越水破堤→浸水、工場閉鎖

岡崎市伊賀川水害（平成20年8月）：豪雨→狭窄（きょうさく）部で堰上げ→越水→窪地浸水→死亡

兵庫県佐用町水害（平成21年8月）：豪雨→佐用川支川幕山川 氾濫→氾濫水の集中→避難者9名流失

写真-5 東海豪雨による被災状況［写真提供：毎日新聞社］

＊越水破堤のプロセス

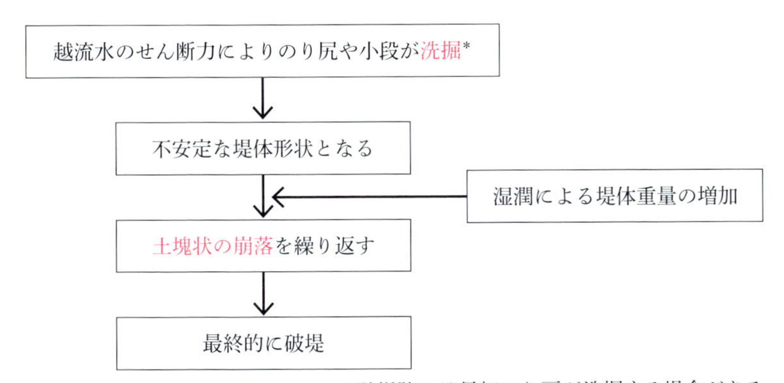

図-35 越水破堤のプロセス

＊水害発生後は、今後の対策のためにも破堤原因を見極めておく必要がある。

表-11　破堤原因の見極め方

原因分類	原因の内容	可能性
越水可能性	・落堀深が深い	可能性が大
	・小段や裏のり尻に洗掘あり	可能性が大
	・上下流の痕跡や堤防高からみて破堤区間に越流あり（越流水深が大きいと越水可能性が大）	可能性あり
	・のり面の植生が倒伏	可能性あり
浸透可能性	・長時間の洪水で噴砂が発生した	可能性が大
	・裏のりに透水性の悪い粘性土がある	可能性あり
侵食可能性	・上下流に侵食の痕跡がある	可能性が大
	・堤防・河岸沿いに深掘れがある	可能性が大
	・植生の倒伏からみて洪水流の流向が堤防方向を向いている	可能性あり

＊破堤原因が複合している場合もある。
例：円山川の破堤（平成16年10月）
堤防高の低い区間から越水→越流水による小段・のり尻洗掘→川裏半分が崩壊→浸透により破堤（直接的には浸透破堤だが、越水による洗掘が引き金）。

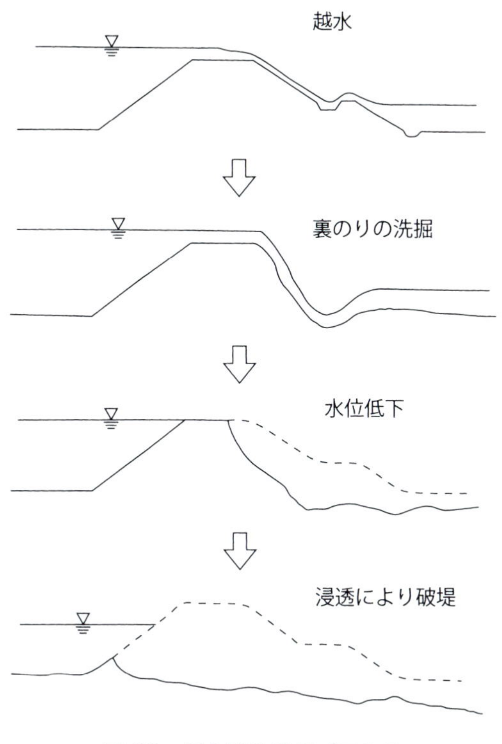

図-36 円山川の破堤プロセス

＊水防・工事関係者などの目撃証言は非常に参考になるが、住民の証言には注意する必要がある。例えば、越水深の小さい越水は、のり尻の飛沫を見て、水が噴出した（浸透）と勘違いする場合がある。

［参考文献］

- 末次忠司：河川の減災マニュアル、技報堂出版、2009年
- 末次忠司・橋本雅和：2000年代に発生した水害から得られた教訓、水利科学、No.331、2013年
- 末次忠司・菊森佳幹・福留康智：実効的な減災対策に関する研究報告書、河川研究室資料、2006年

水害被害の形態

水害被害には様々な形態があるが、以下では代表的な被害形態について記述する。

＊浸水に伴う死亡は河川や水路近くで、業務・通勤・通学に関連するものが多い。
男性は屋外で活動中に死亡、50歳以上の女性は屋内で死亡。

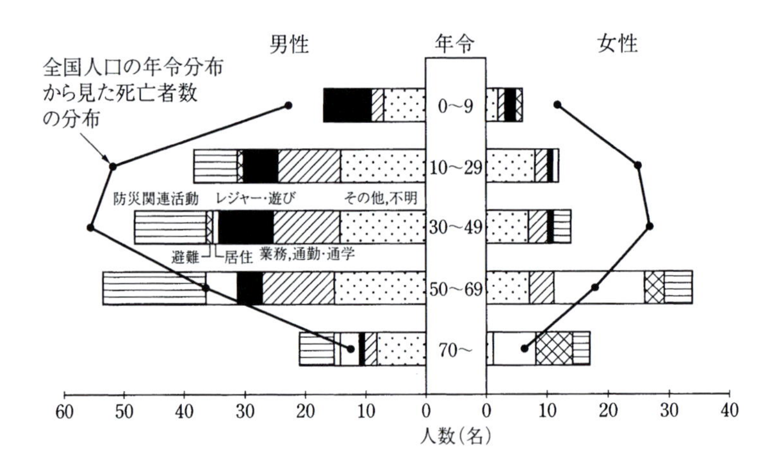

図-37　洪水・氾濫による死亡時の行動

出典［栗城 稔・末次忠司・小林裕明：洪水による死亡リスクと危機回避、土木研究所資料 第3370号、1995年］

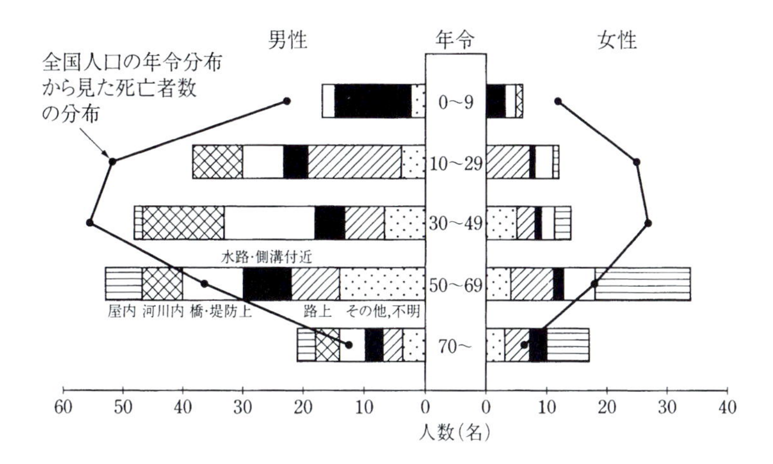

図-38　洪水・氾濫による死亡時の死亡場所

出典［栗城 稔・末次忠司・小林裕明：洪水による死亡リスクと危機回避、土木研究所資料 第3370号、1995年］

＊破堤箇所近くでは家屋の流失・損壊があるが、多くは内水による床下浸水である。

内水は河川から離れた場所でも発生する。内水の上昇速度は外水と同程度の場合がある。

＊電気・ガス・水道などのライフライン被害は、水害被害額の1～2％にすぎないが、浸水により機能低下し、産業・生活に重大な影響を及ぼすとともに、影響が波及していく。

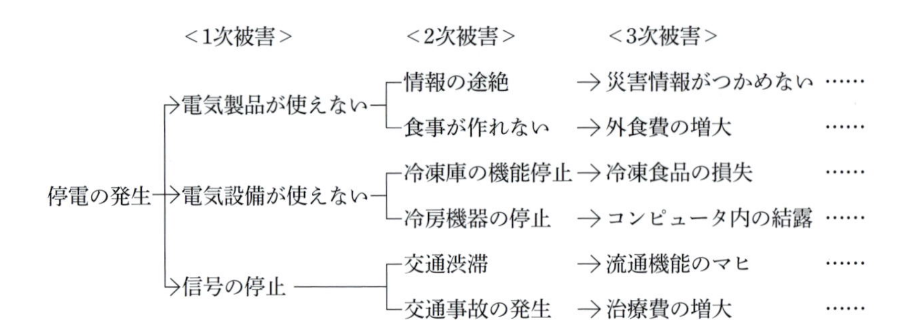

図-39　ライフラインの波及被害

出典［栗城稔・末次忠司・小林裕明：都市ライフライン施設等の水防災レポート、部内資料、1992年］

＊都市域では地下鉄や地下街の浸水被害も生じている。多くの地下水害が70mm/hで発生している。

地下鉄の浸水被害が多いのは、換気口が歩道面にあり、雨水が流入しやすいためである。

地下ビルや地下室では、浸水の上昇が非常に速い。

表-12 地下鉄・地下街で発生した主要な水害

区分	年月	被災場所	被 災 の 概 要
地下鉄	昭和48年8月	名古屋市営 名城線他	80mm/hの豪雨により、名城線の平安通駅では軌道面上1.2m（ホーム面上40cm）まで浸水した。中村日赤駅では70cm、大曽根駅等では30cm浸水した
	昭和62年7月	京阪電鉄 三条～ 五条駅	70＋78mm/hの豪雨により、鴨川支川から越水した水がバイパス水路および幹線下水暗渠に流入し、換気口・ダクトを通じて駅構内へ侵入した。1万人以上の乗客に影響した
	平成11年6月	福岡市営	77mm/hの豪雨による下水道・河道からの越水で博多駅が浸水し、約4時間（80本）不通となった。隣の東比恵駅では防水板により浸水被害を防止した
	平成12年9月	名古屋市営 名城線他	93mm/hの豪雨により4駅が浸水し、最大で2日間不通となり、40万人に影響した。特に名城線の平安通駅ではホーム面上90cmまで浸水した
	平成15年7月	福岡市営	25mm/h（上流の太宰府は99mm/h）の降雨により、御笠川・綿打川から越水し、博多駅では最大約1m浸水した。この浸水の地下鉄への流入により、23時間にわたって、331本の運行が停止したため、10万人に影響した
地下街	昭和45年11月	東京駅 八重洲 地下街	河川の水圧で工事用防水壁が壊れ、水が侵入した
	平成11年6月	博多駅 地下街・ 天神地下街	77mm/hの豪雨により、浸水が流入して被害が発生した。博多駅地下街では天井からの漏水等により商品被害が発生したが、浸水は地下貯水槽に排除されたため、浸水被害を軽減できた
	平成15年7月	博多駅 地下街	25mm/h（太宰府は99mm/h）の降雨により、御笠川・綿打川から越水し、地下街が浸水した
	平成20年8月	名古屋駅前 ユニモール	84mm/hの豪雨により、86の専門店の約1/3が浸水し、営業停止した。ユニモールは昭和46年、平成12年にも浸水した

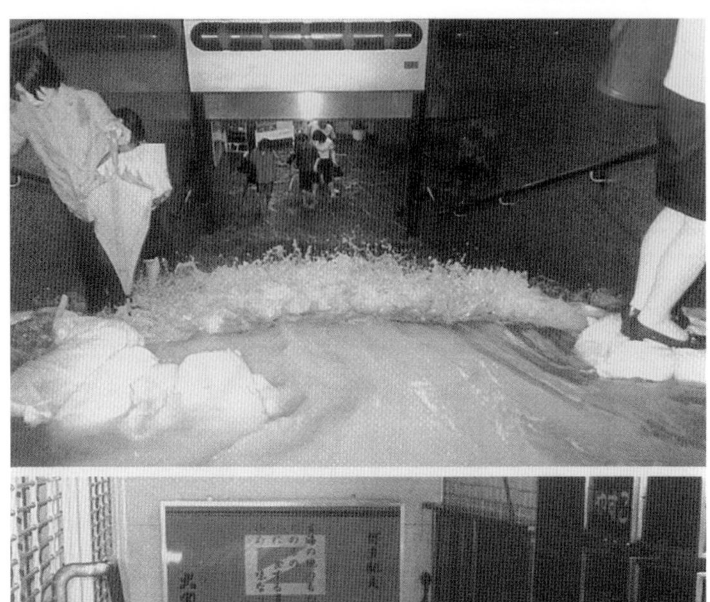

写真-6　地下鉄の被災状況［写真提供：国土交通省 九州地方整備局］

［参考文献］

- 栗城稔・末次忠司・小林裕明：洪水による死亡リスクと危機回避、土木研究所資料、第3370号、1995年
- 末次忠司：地下水害の実態から見た実践的対応策、土木学会 地下空間研究委員会、2000年
- 栗城稔・末次忠司・小林裕明：都市ライフライン施設等の水防災レポート、部内資料、1992年

河川管理施設の被害

洪水により、多数の橋梁、護岸、堰、樋門が被害を受けている。

＊河川管理施設数

樋門・樋管：約22,800、水門：約1,200、排水機場：約800

＊施設の被災状況

老朽化した施設が被災する場合もあるが、老朽化にかかわらず、河床変動（深掘れ）などが関係して被災する場合が多い。

橋梁……洪水流が橋脚に衝突すると、下向きの流れが発生し、橋脚周りが最大で橋脚幅の1.5倍洗掘され、橋梁が傾くなどの被害となる。流木による被災もある。

護岸……護岸の上下流が被災することが多いが、深掘れにより一部の護岸が流失することもある。写真は新潟の中越地震（平成16年）による被災状況である。

写真-7　護岸の被災状況（信濃川）

堰……下流の護床工（ブロックなど）が流失して堰全体が危険な状態になる場合がある。中小洪水でも被災する場合がある。床止めも同様の被害がある。

写真-8　堰下流の被災状況（高梁川）

樋門……自重による堤体の沈下に追随できずに形成された樋門の床版下部の空洞を通じて浸透被害が発生する。樋門のたわみによる漏水もある。

［参考文献］

- 末次忠司：河川の減災マニュアル、技報堂出版、2009年
- 末次忠司編著：河川構造物維持管理の実際、鹿島出版会、2009年

複合災害

地震と浸水、土砂災害と浸水の複合災害がある。

＊地震により堤防が沈下すると、遡上した津波が越水して、浸水被害が発生する。

例：新潟地震（マグニチュード$M7.5$）で発生した津波が越水し、約1万世帯が浸水被害を被った（昭和39年6月）。その他、南海地震（昭和21年12月）、十勝沖地震（昭和27年3月）、北海道南西沖地震（平成5年7月）、東日本大震災（平成23年3月）でも同様の災害が発生。

＊地震や豪雨により斜面崩壊が発生すると、崩落土が河道を堰止めて、堰止め湖を形成し、これが決壊すると、下流で浸水被害を発生させる。

例：江戸時代に善光寺地震（$M7.4$）により、松代領内で4万カ所以上の山崩れが発生し、このうち、虚空蔵（こくぞう）山の崩壊は千曲川支川犀川を閉塞し、約30kmの湖が形成され、この湖の決壊により善光寺平で大洪水となり、100名以上が亡くなった（1847年）。

＊洪水と地震が同時に生起した事例はないが、極めて近い事例はある。昭和23年6月に発生した福井地震（$M7.2$）では、九頭竜川の堤防が31カ所で1～5m沈下するなどの被災が起こり、その1カ月後に梅雨性豪雨により随所で破堤災害が発生した。

例：十勝沖地震（昭和43年5月）、根室半島沖地震（昭和48年6月）、日本海中部地震（昭和58年5月）。

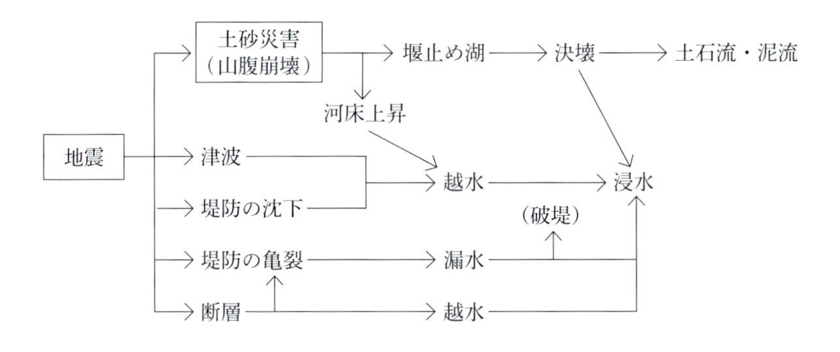

図-40　複合災害の発生プロセス

［参考文献］

● 末次忠司：河川技術ハンドブック、鹿島出版会、2010年

今後想定される現象

地球温暖化や都市化の進行に伴う水害などが増加することが想定される。

＊今後顕著になる現象としては、極端化現象、局地豪雨、河床上昇、渇水、水質悪化、動植物の絶滅などが考えられる。

＊地球温暖化に伴って、極端化現象（豪雨、洪水、渇水）が増加することが想定される。
降雨量は1～2割、洪水流量は1割程度増加すると推定されている。
台風は発生数は減少するが、勢力の大きな台風が増えると考えられる。

＊都市化の進行等により、地表面が高温化し、上昇気流が活発になるため、局所的に豪雨が発生する。現在以上に局所的な豪雨が増加する。

＊温暖化すると、山地において植生の被覆以上に豪雨による土砂生産が活発になるので、河道掘削しないと河床が上昇する可能性がある。
河床上昇すると、流下能力が減少する。

＊少雨や降雪量の減少により渇水が多くなる。
生活様式の高度化も原因である。

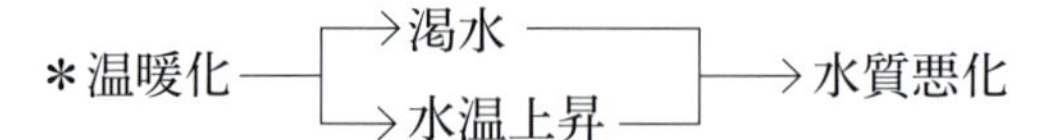

＊動植物は温暖化に対して高地へ移動するが、急激な温暖化に対応できずに絶滅する種もでてくる。

＊今後増加する現象としては、中小河川の水害、洪水流出形態の変化、平常時流量の減少などが考えられる。

＊大河川の堤防等の整備は進むので、以前に比べて中小河川の災害が増加する。したがって、水防・避難などの対策は大河川だけではなく、中小河川も考える必要がある。

＊都市化に伴って雨水流出が速くなり、洪水流出が速くなるとともに、洪水流量が増加する。

＊社会的には世帯人数の減少やコミュニティの弱体化により、減災のため

の避難方法について再考する必要がでてくる。

＊下水道の整備が進むと、河川の平常時流量が減少する。

［参考文献］

● 末次忠司：河川の減災マニュアル、技報堂出版、2009年

5 水害などに影響を及ぼすもの

水害被害を助長するもの

土砂や流木は水害被害を助長するし、都市構造や住民意識も水害に影響を与える。

[土砂・流木]

＊山腹崩壊や土石流で発生した土砂が河道区間に堆積すると、洪水位を上昇させ、越水被害を発生させることがある。

＊山腹崩壊により斜面の樹木が河道に流入して流木化すると、橋梁部を閉塞して、越水災害を発生させる。流木は幹のみが約7割で、針葉樹（スギ）が多い。

写真-9　流木の閉塞［写真提供：栃木県那須町］

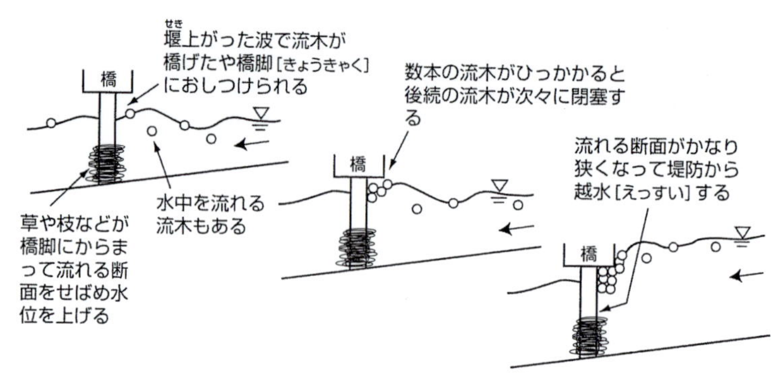

図-41　流木閉塞のメカニズム

[都市の脆弱化]

＊浸水が起きやすい地域が都市化すると、被害が常態化する場合がある。

＊地域のことに詳しくない新住民は現状をよく知らず、被害にあいやすい。コミュニティ意識が希薄な都市では、協力して対応することが難しく、被災しやすい。

＊設備の多くが電化された都市、また都市ライフラインは、浸水に対して脆弱である。

[水害発生頻度の減少]

＊堤防が整備され、水害が発生しなくなると、住民の危険意識が薄れて、水害への対応が不十分となる。堤防整備は水害ポテンシャルを高めているが……。

＊適切な避難活動が行われず、被災する場合がある。

[参考文献]

● 末次忠司：河川の減災マニュアル、技報堂出版、2009年

人間活動の影響（1）：降雨・流出

人間活動は、豪雨、洪水流出、水害形態に影響を及ぼしている。

＊都市化が進展すると地表面が被覆され、洪水の流出が速くなるとともに流量が増える。
全国では過去30年間（昭和50年～平成15年）で、建物・道路面積とも1.5倍に増加した。
鶴見川（横浜）では市街化の進行に伴って、洪水ピーク流量（市街化率）が600m³/s（10%）→1,000m³/s（60%）→1,400m³/s（80%）に増加した。

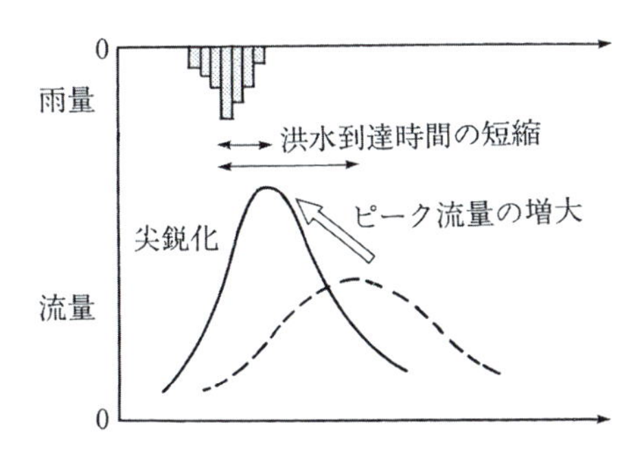

図-42「洪水流出形態の変化」の模式図

＊コンクリートやアスファルトによる地表面の被覆は、気温の上昇ももたらし、上昇気流に伴い豪雨を増加させる。エアコン、工場、自動車の排熱による気温上昇もある。
ヒートアイランド現象は都市規模と関係し、人口30万人以上で顕著となる。

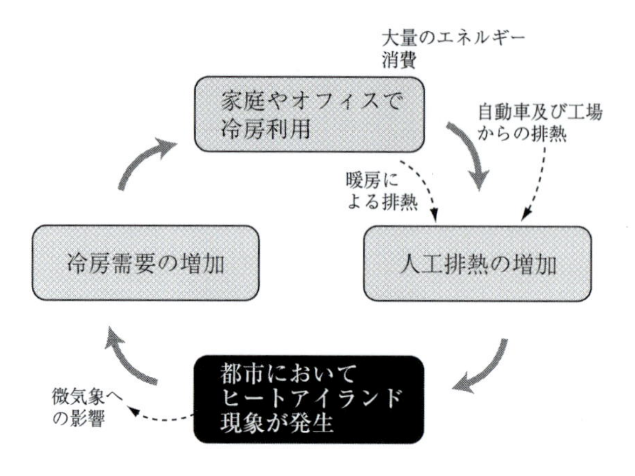

図-43　悪循環するヒートアイランド現象

＊都市化に伴う人口・資産の増大とあいまって、都市水害が増加する。水害被害密度は、1990年代前半までの10～30億円/km^{2}に対して、1997（平成9）年以降は30～90億円/km^{2}に増大した。2005（平成17）年に最高86億円/km^{2}を記録した。

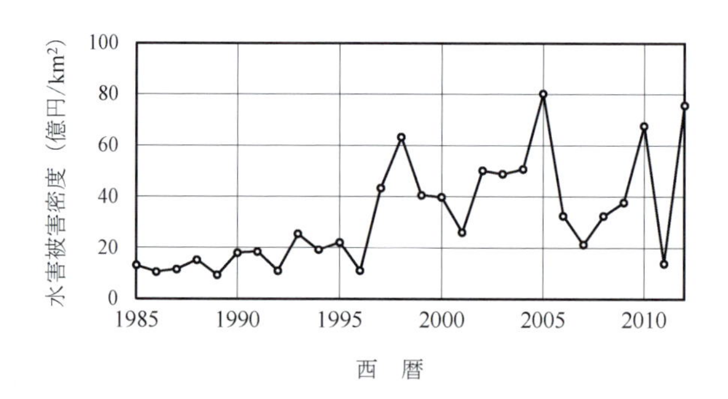

図-44　水害被害密度の経年変化

都市の影響については、「水害被害を助長するもの」p.69参照。

＊都市化に伴う下水道整備と浸透量の減少により、平常時水量が減少する。雨水管は面積割合で、26％（1975年）→47％（1995年）→53％（2011

年）と整備が進んだ（下水道浸水対策達成率で表示）。

汚水管は人口割合で、23％（1975年）→54％（1995年）→76％（2012年）と整備が進んだ（下水道処理人口普及率で表示）。

［参考文献］

- 末次忠司：河川の減災マニュアル、技報堂出版、2009年
- 末次忠司：図解雑学 河川の科学、ナツメ社、2005年

人間活動の影響（2）：河道掘削・樹林化

河道掘削や樹林化は、治水・環境に大きな影響を及ぼす。

＊国内に人の手が入っていない原始河川はない。

中小河川は、河道が直線化されたり護岸が整備されると、流速が速くなる。

＊洪水流下能力の増大のために河道掘削すると、河床低下や掃流力の減少を招く。

拡幅→掃流力減少→河岸に土砂堆積→川幅減少→元の川幅に戻る。

掘削区間で河床低下。ダムが影響する場合、ダム直下から河床が低下する。

ただし、支川からの土砂流入で、河床低下は緩和する。

＊環境面では、河道掘削で河床が単調となり、生態系に悪影響を及ぼす。

一様でない河床＝産卵のために瀬、休息・睡眠のために淵を設ける。

＊河道掘削は、比高を拡大し、深掘れを進行させ、樹林化を招く。

高い河川敷の樹木が洪水で流失しないため樹林化する。

比高以外に、中砂（水分保持）や窒素・リンの栄養塩類の堆積が樹林化原因となる。

リンの多くは土砂に吸着して運ばれる。

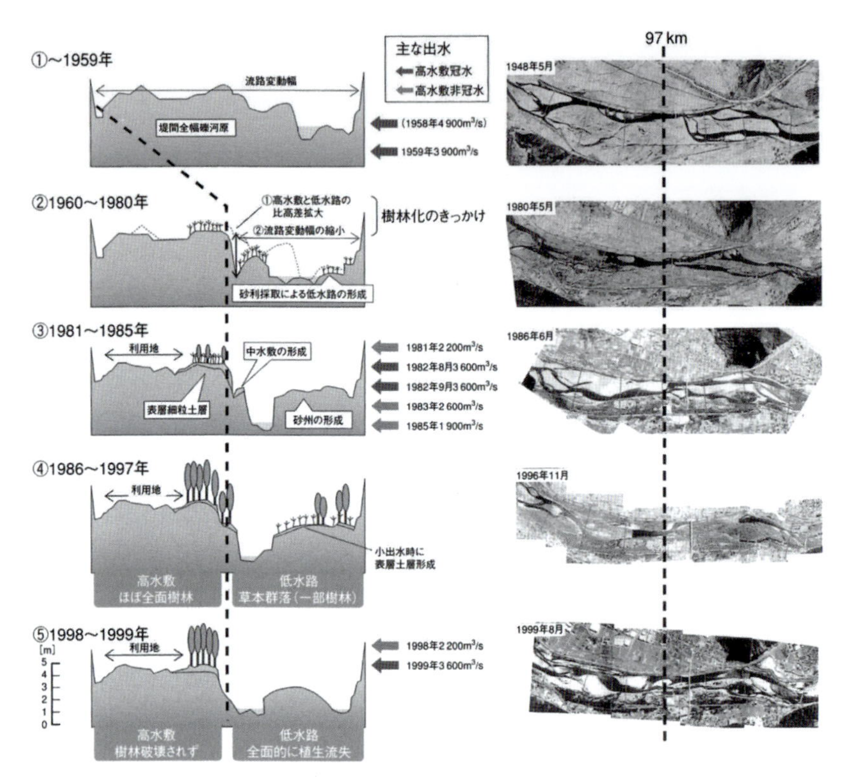

図-45　樹林化の進行プロセス

＊樹林化が顕著な河川は、多摩川、渡良瀬川、千曲川、手取川などの礫床河川である。
河道内の樹林面積は東高西低の傾向で、樹種は東日本はヤナギ、西日本は竹林が多い。

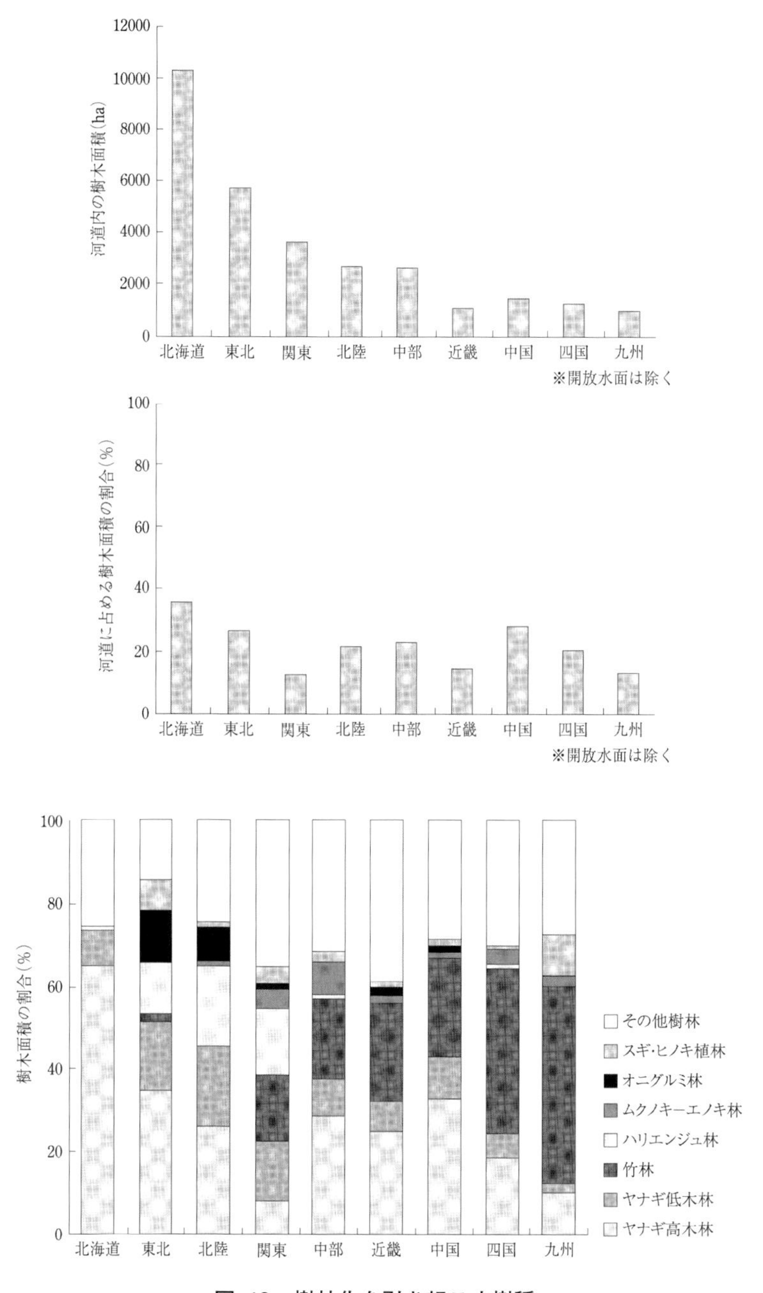

図-46 樹林化を引き起こす樹種

＊特に外来種（ハリエンジュ、アレチウリ）の樹林化は植物や生態系に悪影響を与えるなど、河川環境の悪化を招く。
樹林化→河原植物（カワラノギク）・河原動物（コアジサシ、ミヤマシジミ）の減少、樹林性鳥類（コゲラ、シジュウカラ）の増加。

［参考文献］

- 末次忠司：河川技術ハンドブック、鹿島出版会、2010年
- 李参煕・山本晃一・望月達也他：扇状地礫床河道における安定植生域の形成機構に関する研究、土木研究所資料、第3266号、1999年

6 対策

治水対策

治水対策には、堤防・ダムなどのハード対策と、情報伝達・避難活動などのソフト対策がある。

＊従来、災害に対しては「防災」が言われてきたが、完全に防ぐことはできないので、少しでも被害を軽減する「減災」が提唱されている。

［ハード対策］

洪水流下能力を増やすのが基本→越水対策ともなる。

ダム、放水路、遊水地……河川法では「遊水池」ではなく「遊水地」

越水対策……河積：堤防の嵩上げ、河道掘削。耐越水：天端舗装

侵食対策……防御：護岸。外力軽減：水制

低水路沿いの護岸を低水護岸、高水敷より高い護岸を高水護岸という。

浸透対策……排水：ドレーン工（多数の浸透対策があるが、ドレーン工が非常に効果的）

流出抑制対策……浸透・貯留施設

地下施設の対策……防水板、防水扉など

写真-10　水制による侵食対策（那珂川水系余笹川）

［ソフト対策］

計画論……洪水ハザードマップ、避難計画（事前の対応）

管理論……情報収集・伝達、緊急放流、ポンプ運転調整、水防、避難（洪水時の対応）

緊急……緊急排水路、堤防開削（緊急時の対応）

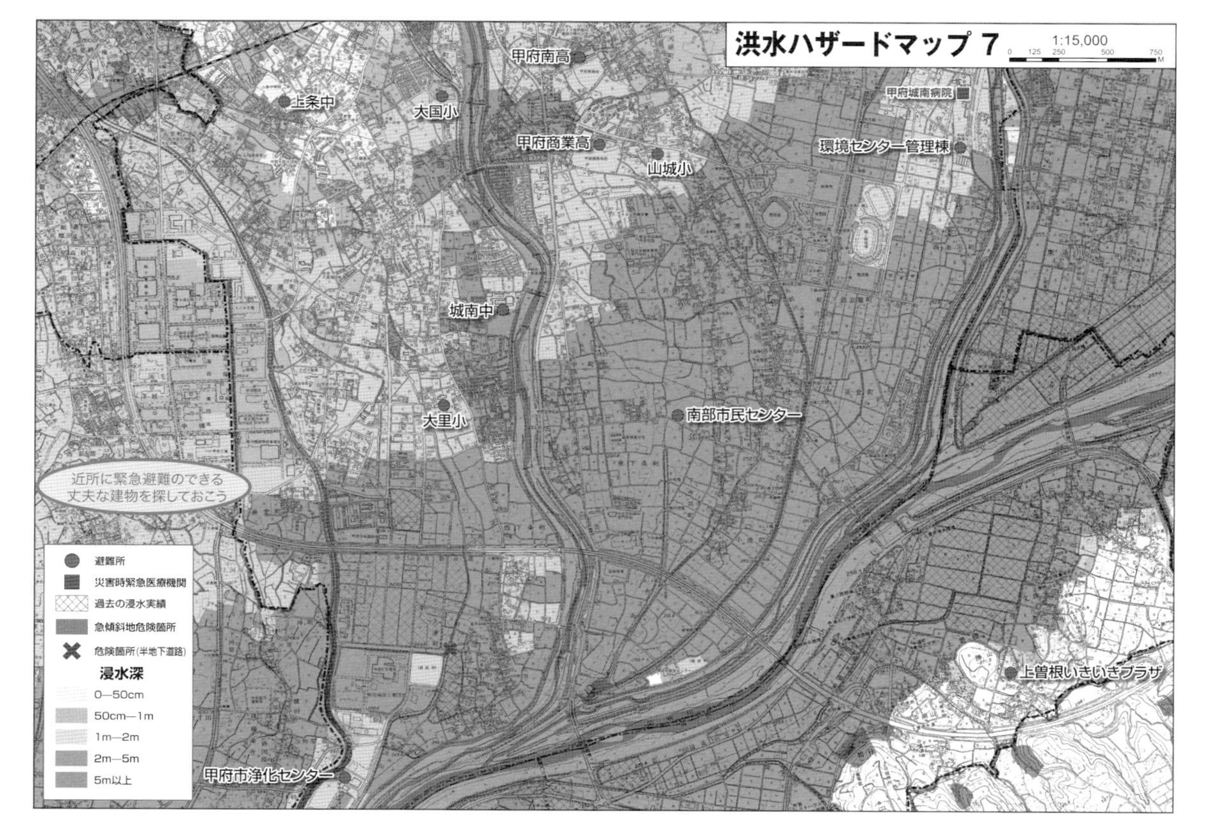

図-47 洪水ハザードマップ 出典［甲府市洪水ハザードマップ編集委員会編：甲府市洪水ハザードマップ、2006年］

＊国や県などは、各管理区間で施設整備や防災対策を行う。水防は水防管理団体（市町村、水防事務組合、水害予防組合）、避難は市町村が責任を有している。

＊水防工法は伝統的に土や木を用いる工法が多く、代表的な工法は以下のとおりである。

越水対策……積土のう工：土のうを天端に置いて、洪水が越流しないようにする。

侵食対策……木流し工：木をのり面に置き、枝や葉により洪水流からの侵食を防ぐ。

浸透対策……月の輪工：川裏ののり尻に半円状に土のうを置いて、浸透水を貯め、浸透水の圧力差を小さくして、浸透被害を防ぐ。

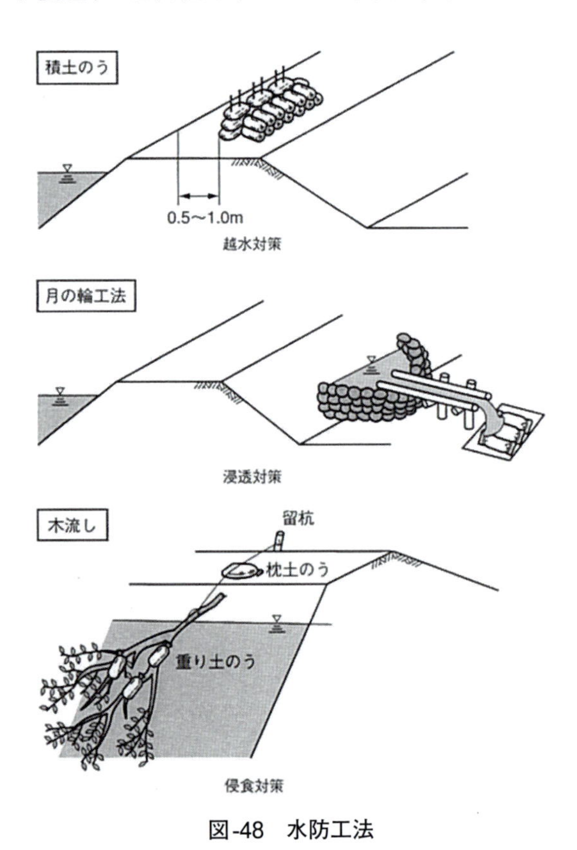

図-48　水防工法

＊避難の決断が難しいため、避難率は低い。ただし、氾濫の状況によって、浸水深が50cm以上、流速が50cm/s以上のときは避難せずに自宅にとどまる方がよい。

［参考文献］
- 末次忠司：氾濫原管理のための氾濫解析手法の精度向上と応用に関する研究、九州大学学位論文、1998年
- 末次忠司：水害に役立つ減災術、技報堂出版、2011年
- 国土交通省国土技術政策総合研究所監修・水防ハンドブック編集委員会編：実務者のための水防ハンドブック、技報堂出版、2008年

具体的な施設・対策

全国には多数のダム、放水路、遊水地がある。

・各諸元で日本一の河川関連施設を表-13に示した。

表-13　代表的なハード施設

分類	代表的なハード施設
ダム	揖斐(いび)川・徳山ダム（貯水容量6.6億m^3）、玉川ダム（洪水調節容量1.07億m^3）、黒部ダム（堤体高さ186m）
放水路	信濃川・大河津分水路（計画流量11,000m^3/s）、荒川放水路（延長22km）、中川流域・首都圏外郭放水路（地下50mにトンネルϕ10m）
遊水地	渡良瀬(わたらせ)川第1調節池（洪水調節流量9,400m^3/s）、最上川・大久保遊水地（越流堤長3km）

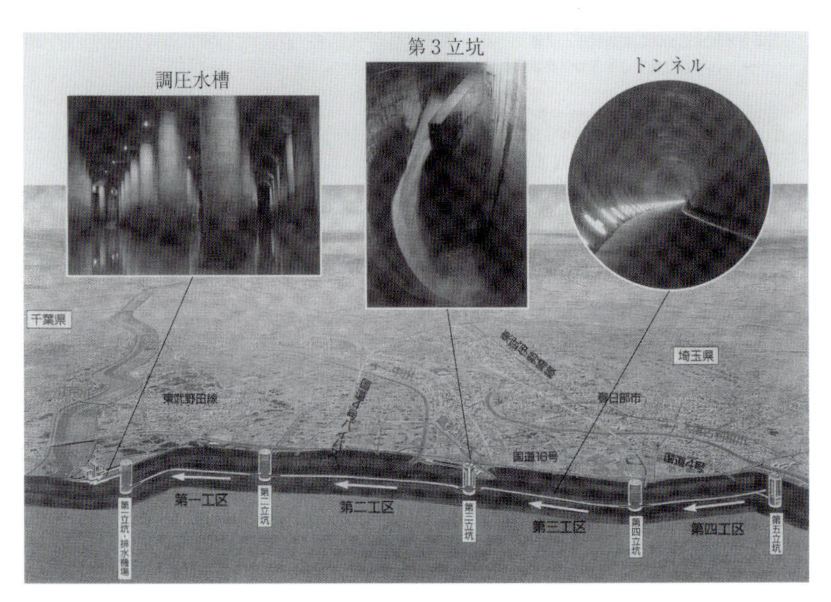

図-49　首都圏外郭放水路（中川流域）［提供：国土交通省 関東地方整備局］

＊洪水ハザードマップ：平成26年5月現在で1,237市町村で公表。
計画洪水時に破堤したときの最大浸水深や避難所を中縮尺の地図上に記載したマップで、多くの破堤箇所からの浸水深のうち、各場所で最大の浸水深を記載している。
平成17年の改正水防法で、マップの作成・公表が義務化された。
洪水危険地図には、浸水実績図、浸水想定区域図などがある。

＊緊急放流……大町ダム他（平成18年7月）：豪雨による千曲川支川犀(さい)川の水位上昇に対して、国土交通省の大町ダムと東京電力の6ダムで放流量の調節や空容量を活用した洪水貯留を行い、洪水位を低減した。
ポンプ運転調整……信濃川支川の新川、庄内川、庄内川支川の新川：洪水位が高くなると、ポンプ排水を停止する。
緊急排水路……利根川支川の小貝川（昭和61年8月）：掘削した水路を用いて氾濫水を排除する。

写真-11　小貝川氾濫に対する緊急排水路

＊堤防開削は、氾濫水排除のために行われる。
阿賀野川（昭和41年7月）、鳴瀬(なるせ)川支川の吉田川（昭和61年8月）、千曲川支川の鳥居川（平成7年7月）

［参考文献］

- 末次忠司：河川技術ハンドブック、鹿島出版会、2010年
- 末次忠司：水害に役立つ減災術、技報堂出版、2011年

計画洪水と堤防

河道計画は、河川整備基本方針と河川整備計画からなり、計画高水位HWLには様々な水位上昇量が見込まれている。

＊河道計画：従来は工事実施基本計画→河川法改正（平成9年）後は河川整備基本方針と河川整備計画
河川整備基本方針：長期的なマスタープラン
河川整備計画：個別事業も含んだ20～30年先の計画

例）荒川の河川整備基本方針

計画確率：1/200、基本高水流量注）：14,800m³/s

計画高水流量：7,000m³/s（岩淵地点）

計画高水位注）：A.P.8.57m、川幅：680m（岩淵地点）

維持流量：5m³/s（秋ケ瀬取水堰下流地点）

＊計画高水位の決め方

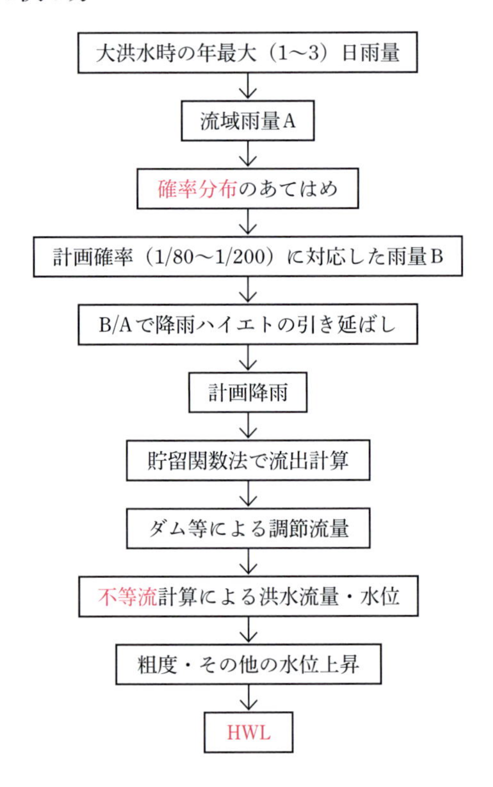

確率分布は、対数正規分布、ガンベル分布、ピアソンⅢ型分布などが用いられる。

注）基本高水流量＝計画高水流量＋ダム・遊水地などによる洪水調節流量
A.P.は荒川工事基準面で、隅田川河口にある霊岸島水位観測所の潮位（T.P.）に対して、A.P. 0m＝T.P.－1.1344m

＊県管理河川は異なる手法で河道断面設定

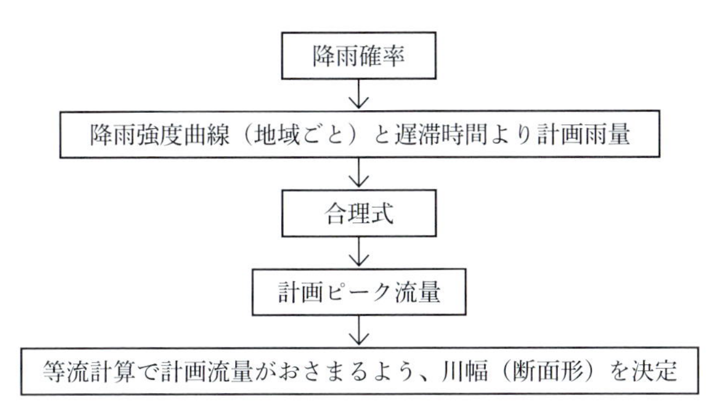

合理式　$Q = \frac{1}{3.6} frA$

ここで、Q：ピーク流量（m^3/s）

f：流出係数

r：雨量強度（mm/h）

A：流域面積（km^2）

＊流域雨量はティーセン法により求める。計画確率は流域の重要度等に応じて決められている。

確率1/200：淀川、荒川、利根川、木曽川、多摩川、庄内川、大和川、太田川の8水系

確率1/150：信濃川、矢作川、石狩川、安倍川、富士川、相模川、阿賀野川などの37水系

確率1/100等：馬淵川、大野川、五ヶ瀬（ごかせ）川、矢部川、小矢部（おやべ）川、十勝川などの64水系

＊貯留関数法とは、流域内の雨水貯留高sを流量qの関数として表現

$s = k \cdot q^p$、$ds/dt = r_e - q$

ここで、k、p：係数

r_e：雨量強度

その他の水位上昇とは、支川合流、橋脚堰上げ、湾曲、砂州による上昇

量である。

＊HWL＋余裕高＋余盛＝計画堤防高となる。

余裕高は、洪水時の風浪・うねり・跳水に伴う水位上昇に対応するため、計画高水流量に対して決められ、0.6〜2m程度である。余盛は堤体自体の圧縮に伴う沈下に対応するため、堤防高の5〜10%程度が設定される。

表-14　余裕高と天端幅

計画高水流量	余裕高	天端幅
200m^3/s未満	0.6m以上	3m以上
200〜500m^3/s未満	0.8m以上	
500〜2,000m^3/s未満	1.0m以上	4m以上
2,000〜5,000m^3/s未満	1.2m以上	5m以上
5,000〜10,000m^3/s未満	1.5m以上	6m以上
10,000m^3/s以上	2m以上	7m以上

＊例えば、3割勾配の河道で堤防高が2m上がると、堤防幅が12mも増えることに注意する必要がある。のり面が緩勾配の河川では、のり面管理が大変である。

［参考文献］

- 末次忠司：河川の減災マニュアル、技報堂出版、2009年
- 土木学会：水理公式集［平成11年版］、丸善、1999年

堤防の耐力評価

堤防設計では、計画堤防高に加えて浸透に対して安全な断面設計などを行う。

＊従来は湿潤線からみて浸透被害に安全な堤防幅を設定していたが、現在は侵食・浸透に対して外力評価を行って設計している。

＊堤防は、侵食、浸透に対する外力評価を行い、不足する場合は強化対策（「治水対策」p.77に記載）を考える。

侵食　　高水敷幅 ＞ 1洪水による侵食幅　→OK：直接侵食

　　　　根毛量による侵食耐力 ＞ 平均摩擦速度　→OK：側方侵食

1洪水による侵食幅　セグメント1で40m、2-1で30m、2-2や3で20m

$$\text{侵食耐力} = \frac{\text{許容侵食深}(2\text{cm})}{-50\sigma_0+9}\cdot\frac{1}{\log(\text{せん断力が作用する時間})}$$

平均根毛量（単位体積当りの根・地下茎の重量：g/cm^3）

平均摩擦速度 ＝ 0.82 × 最大摩擦速度 ＝ 0.82 × 計画洪水時の代表流速／流速係数

流速係数 $= H_d^{1/6}/(n\sqrt{g})$：流速／摩擦速度

＊浸透は、動水勾配か円弧すべり法で評価する。

浸透　　局所動水勾配 ＜ 0.5　→パイピングOK

　　　　円弧すべり法による安全率　→すべり破壊判定

局所動水勾配 $i = (G_S - 1)/(1 + e)$

ここで、G_S：土粒子密度

　　　　e：間隙比

＊本来は越水に対しても評価すべきであるが、まだ途上技術であり、評価方法は明確に示されていない（「水害事例と破堤原因」p.53の破堤プロセスを参照）。

のり面には越水深に比例したせん断力が作用する。

小段やのり尻で越流水による洗掘が起きやすい。

[参考文献]
- 国土技術研究センター：河道計画検討の手引き、山海堂、2002年
- 国土技術研究センター：河川堤防の構造検討の手引き、2002年

ダム・遊水地など

様々な洪水調節方式・放流手法があるダムのほかに、遊水地や流出抑制施設がある。

＊堤防以外の洪水防御施設としては、ダム、放水路、遊水地、護岸、水制などがある。

＊ダムの数は、洪水調節ダムが700、利水ダム（灌漑(かんがい)、発電・上水道）が2,800ある（多目的ダムも多い）。構造形式では、アースダム（灌漑用）、重力式コンクリートダムが多い。洪水調節容量が大きなダムでは約1億m^3の容量を持ち、2,000〜3,000m^3/sの流量を調節する。

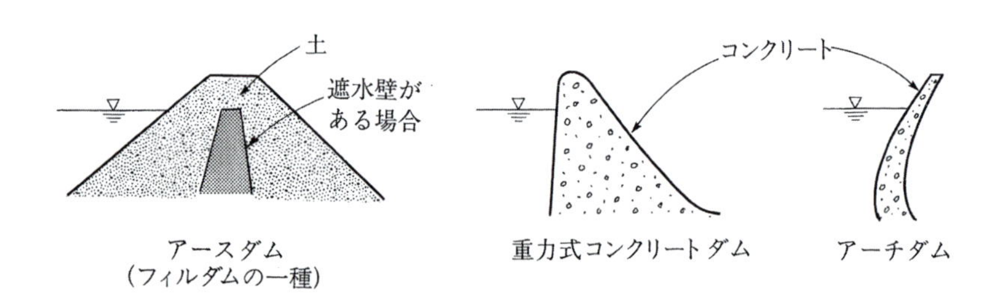

図-50　ダムの種類

＊洪水調節方式には、洪水期に貯水位を下げる「制限水位方式」と、年間を通じて容量を確保する「オールサーチャージ方式」がある。最大放流量を決めて貯水位を下げる「予備放流」、計画以上の洪水発生が予想されると、利水容量を使う「事前放流」が行われる。

＊事前放流と同じ異常洪水対応操作に「ただし書き操作」がある。サーチャージ水位を超えることが予想され、水位が洪水調節容量の8割相当水位になったとき、貯水池への流入量に相当する量を放流する方法で、関係機関に放流3時間前に事前通知する必要がある。

＊遊水地は中流部で用地の余裕があり、周囲を山などで囲まれている流域で洪水流量カットに有効である。遊水地内は平常時は水田に利用されていることが多い。

写真-12　鶴見川多目的遊水地［写真提供：国土交通省 関東地方整備局］

表-15　主要な遊水地一覧表（洪水調節流量順）

水系名 河川名	遊水地等名称	面積 (km²)	容量 (万m³)	洪水調節流量（m³/s）	備　考
利根川 渡良瀬川他	渡良瀬遊水地	33	17,680	9,400	第1～3調節池
利根川 利根川	田中調節池	11.75	7,204 9,553	5,000	田中調節池は暫定完成、稲戸井調節池は越流堤・囲繞堤を建設し、現在池掘削
利根川 利根川他	菅生（すごう）調節池	5.92	2,854		
利根川 利根川	稲戸井（いなどい）調節池	4.48	3,030		
北上川 北上川	一関（いちのせき）遊水地	14.5	12,940	1,900	暫定完成、全面越流堤
荒川 荒川	荒川第一調節池	5.8	3,900	850	
北上川 小山田川他	蕪栗沼（かぶくりぬま）遊水地	5.82	1,580	425	ラバーダム（野谷地）、ポンプ排水

注）2段書きの上段は現況または暫定計画値、下段は将来計画値を表している

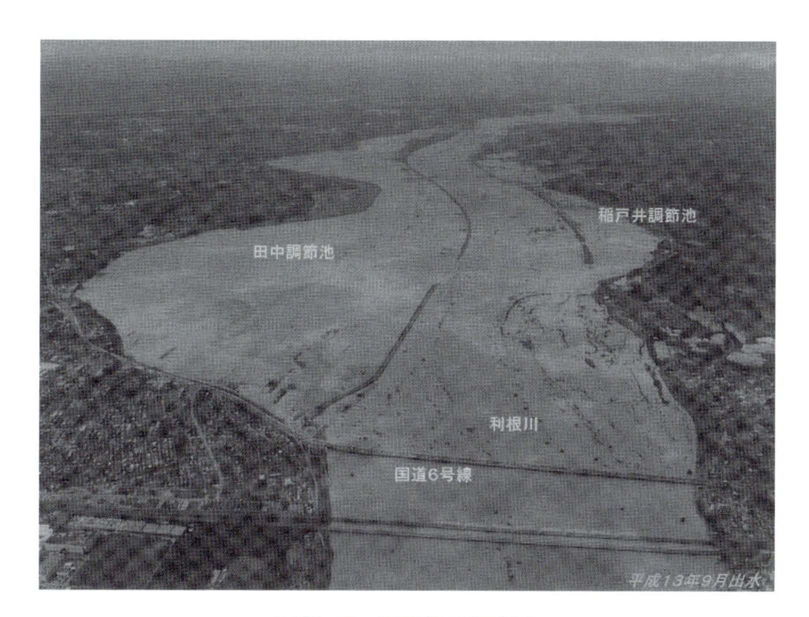

写真-13　利根川の調節池

出典［末次忠司・人見 寿：分散型保水・遊水機能の活用による治水方式、河川研究室資料、国土交通省 国土技術政策総合研究所 河川研究室、2005年］

＊流出抑制（流域治水）施設として、河道へ流入する雨水量を軽減する浸透マス・トレンチ、防災調節池（恒久）・防災調整池（暫定）などの貯留施設がある。

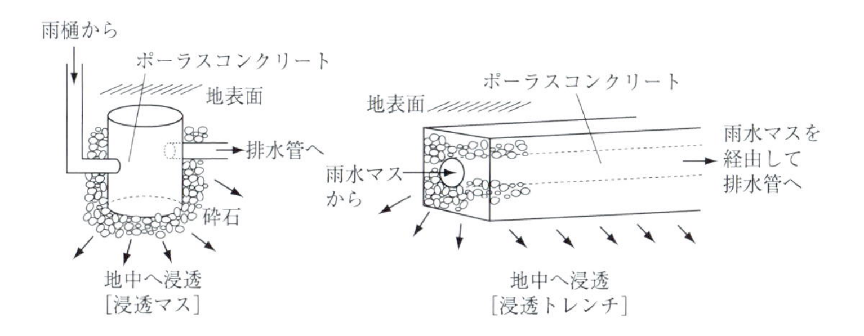

図-51　浸透マス・トレンチ

[参考文献]
- 末次忠司：河川技術ハンドブック、鹿島出版会、2010年
- 末次忠司：図解雑学 河川の科学、ナツメ社、2005年
- 末次忠司・野村隆晴・瀬戸楠美他：ダムの堆砂対策技術ノート、(財)ダム水源地環境整備センター、2008年
- 末次忠司・人見寿：分散型保水・遊水機能の活用による治水方式、河川研究室資料、2005年

大規模河川事業

古来の治水技術は拠点的ではなく、マクロの視点から考えた治水システムが多かった。

*戦国・江戸時代

信玄堤：武田信玄が甲府盆地の水害を減らすため、石積出しにより釜無川支川の御勅使(みだい)川の洪水を高岩に誘導し、釜無川は堤防・聖牛（棟木を組み合わせた水制施設）により洪水から防御。中国の歴史的治水・灌漑施設である都江堰(とこうえん)（四川省）を参考にした。

利根川東遷：徳川家康が江戸の水害を減らすため、流路を沼地群を結んで銚子方面へ変更した。荒川の西遷もある。

北上川・大和川などの河道付替。

写真-14　信玄堤（富士川支川釜無川）

＊明治以降

大河津分水：信濃川下流域を守るため、本川途中から日本海へ放水路で分流（建設省）。洪水時は本川洗堰を閉じて、全量を分流。

首都圏外郭放水路：中川や古利根川などの洪水を地下のトンネルを使って流下させ、最後は圧力やポンプで江戸川へ排水する（国土交通省）。

鶴見川多目的遊水地：越流堤を通じて洪水を河道から遊水地へ流入させ、下流の洪水流量を軽減する、遊水地は通常は公園などに利用されている（国土交通省）。

写真-15　大河津分水

［参考文献］
● 末次忠司：図解雑学 河川の科学、ナツメ社、2005年

経済調査

治水事業を評価する治水経済調査、環境事業を評価する河川環境経済調査などがある。

＊治水経済調査は、治水事業を行った場合と、行わなかった場合の被害額の差（便益B）を治水事業の費用（C）で割ったB/Cで評価するものである。
＊対象資産は家屋、家財、事業所（建物、農漁家資産、製造物）、公共土木施設、公益施設で、洪水規模ごとの破堤被害額を求め、それぞれに洪水発生確率を掛けて被害額を算定する。
＊治水経済調査は「治水経済調査マニュアル」に従って行われる。その主な手順は以下のとおりである。

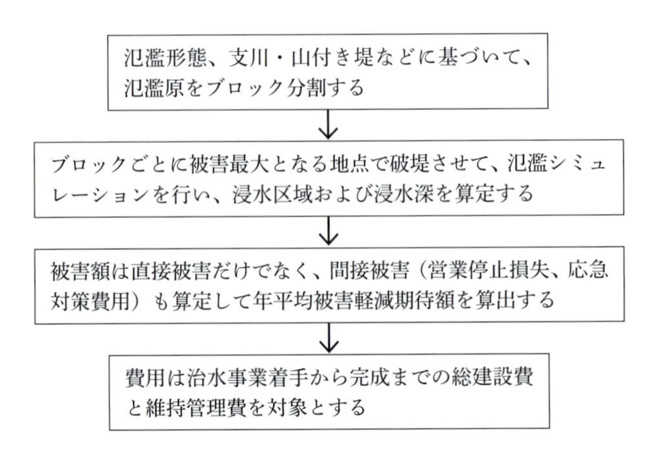

図-52　治水経済調査の流れ

＊河川環境経済調査では、CVMやTCMなどの手法を用いて、河川環境整備事業の経済効果を評価する。

＊CVMは仮想市場評価法で、価値増大のために費用を支払う「支払意思額WTP」を計測する方法と、財が悪化したときの便益を補償する「受入補償額WTA」を計測する方法があるが、WTPの実績が多い。計測対象を自由に選べるが、バイアスも多い。便益＝平均WTP×世帯数×評価期間。

＊TCMは旅行費用法で、環境の便益を受けるために支払ってもよいと考える旅行費用で計測する。地域旅行費用法と、個人旅行費用法がある。

＊河川環境経済調査は、「河川に係る環境整備の経済評価の手引き」に従って評価できる。

[参考文献]

- 末次忠司：河川の減災マニュアル、技報堂出版、2009年
- 国土交通省河川局：治水経済調査マニュアル(案)、2005年
- 国土交通省河川局河川環境課：河川に係る環境整備の経済評価の手引き、2010年

7 利水

利水

用水利用や地下水状況は、時代とともに変化している。

＊日本では年間降水量約6,500億m^{3}の約1/3が蒸発散している。残りの2/3の多くが洪水流出しているが、547億m^{3}が農業用水、157億m^{3}が生活用水、126億m^{3}が工業用水に使用されている。

＊農業用水や工業用水はやや減少しているが、生活用水はほぼ横這いである。なお、農業用水は水田、工業用水は化学や鉄鋼業での使用量が多い。

＊農地面積が減少しているのに農業用水があまり減少しないのは、未利用の水田に流し込んでいるのと水利権があるためである。

＊水利権には、以前より灌漑用水として利用していた慣行（かんこう）水利権と許可水利権がある。

慣行水利権：明治29年の河川法以前より取水していた農業用水など、過去の利水慣行が社会的に承認される権利。

許可水利権：河川管理者に申請して、公共の立場や他の利水使用からみて認められる権利で、10年で更新される。

＊河川からの取水が多いが工業用水は29％、生活用水は22％、農業用水は6％（全体で13％）を地下水に依存している。河川からの取水はダム、堰（農業では頭首工）、樋門が多い。

＊戦後から昭和50年代は地下水取水により地盤沈下が発生したが、近年は地下水位が上昇し、地下駅（東京駅、上野駅）などで地下水対策が必要となっている。

例）過去40年間で墨田区立花で45m、新宿区百人町で39m水位上昇
東京駅：地下約27mでアンカー130本で浮力に対抗
上野駅：地下約30mで約2トンの鉄（約1.8万個）の重し＋約980本

のアンカー打ち込み

[参考文献]
● 国土交通省水資源部：日本の水資源

河川と農業

本来河川事業は、治水・農業のために行われ、農業生産性の向上に寄与してきた。

＊従来河川開発や河川事業は、治水→利水→環境の目的順で開始されてきたと言われていた。しかし、実際は治水・農業→利水→環境の順番である。

＊河川は水田をはじめとする農業用水の重要な供給源である。
用水の94％を河川やため池から取水している。
扇状地では地表水が浸透し、湧水した扇端で農業が活発であったが、水路網の整備により、他の扇状地面でも農業ができるようになった。

＊地域でみると、西日本の農業はため池に依存し、東日本の農業は河川に依存。
ため池数は兵庫、広島が多い：天満大池（兵庫）、満濃池（香川）、狭山池（大阪）。
大河川は東日本に多い：流域面積上位10位のうち、8流域が東日本の河川。

＊河道内で畑作が行われるのを見かけるが、これは従来堤内地などの農地だった箇所が河道整備により、河道内へ移動したものも多い。

＊河道周辺の湿田の乾田化のための水位低下が河川事業（ショートカットなど）として行われた：流路が短くなると勾配が急になり、流速が速くなって水位が低下する。
例）信濃川の大河津分水路建設（大正13年完成、約10km）により、沿

川が乾田化され生産性が向上したため、水稲収量が約2倍（300→600kg/1,000m^2）となった。

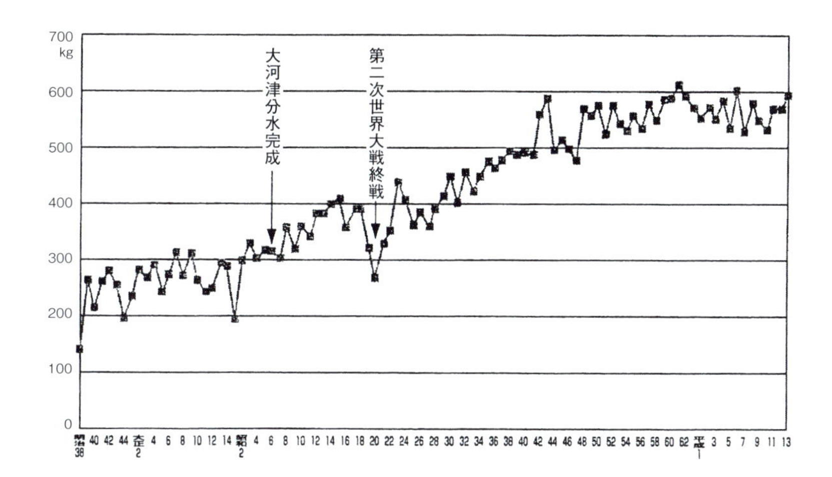

図-53 大河津分水路建設に伴う水稲収量の経年変化（新潟県西蒲原郡）
出典［新潟県農林部：新潟の米百年史、1974年 ほか］

＊最長のショートカットは石狩川で行われ、ショートカット後の総延長は2/3となった。

［参考文献］

● 新潟県農林部：新潟の米百年史、1974年

渇水

渇水の発生は、降雨と都市人口のアンバランスの影響が大きい。

＊地球規模では1987年頃までは干ばつ、それ以降は洪水被害が多い。渇水は干ばつ（長期にわたる）や水不足ともいう。

＊日本の年間降水量は約1,600mmで世界平均の約2倍と多いが、1人当りの降水総量は5,100m^3/年/人で世界平均の1/4にすぎない：人口密度が高いと、１人当りの量は少なくなる。

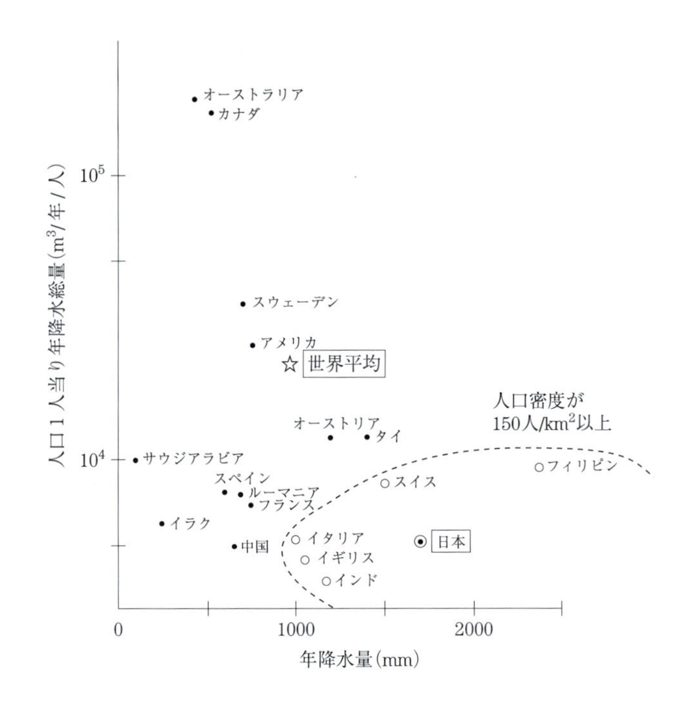

図-54　年降水量と1人当り年降水総量

＊2～3年に1回は都市型渇水が発生している。

例）列島渇水（平成6年）佐世保、福岡：断水295日

　　福岡渇水（昭和53年）福岡：断水287日

福岡市で渇水が多いのは、大河川がなく、人口が集中しているからである。

＊渇水により、生活・産業に大きな影響が生じる。

＊渇水対策としては、渇水対策ダム、地下ダム、雨水利用施設、水圧管理、節水コマがある。

渇水対策ダム：渇水対策専用ダム。下の原ダム（長崎）、五ケ山ダム（福

岡）など。

地下ダム：透水性の低い岩盤等を利用して、塩水の流入を防ぐとともに、地下水を貯留して、農業用水等に利用する。福里地下ダム（沖縄）、皆福地下ダム（沖縄）。

雨水利用施設：貯水槽に貯めた雨水をトイレや植栽用水に用いる対応。

水圧管理：配水管内の水圧を低くして、蛇口から水が多く出ないようにする対応。

節水コマ：蛇口内部に突起の付いたコマをつけて、水が多く出ないようにしたもの。

表-16　雨水利用施設

施設名	有効容量	雨水利用量	利用用途	開始年
東京スカイツリー	7,000m^3 （蓄熱槽） 2,635m^3	— —	冷暖房 トイレ用水、防火用水、植栽用水（含洪水対策）	平成24年
福岡ヤフージャパンドーム	2,900m^3	260m^3/日	トイレ用水、植栽用水	平成5年
京セラドーム大阪	1,700m^3	76.7m^3/日	トイレ用水、植栽用水	平成9年
ナゴヤドーム	1,500m^3	98.6m^3/日	トイレ用水、植栽用水	平成9年
中野区もみじ山文化センター 本館	1,454m^3	9,915m^3/年	トイレ用水、冷房用水	平成5年

［参考文献］

- 国土交通省水資源部：日本の水資源
- 雨水貯留浸透技術協会：雨水利用ハンドブック、山海堂、1998年

8 環境

河川環境

水質汚染の状況を見るとともに、環境・維持流量の観点からも河川環境を見ておく。

＊昭和30、40年代は工場排水などによる水質汚染が著しかったが、排水規制や下水道整備により水質は改善されてきた。

＊下水道の人口普及率で見れば、10％（1965年）→50％（1993年）→76％（2012年）と整備が進んでいる。浄化槽などの他の処理方法を含めると、普及率は90％以上となる。

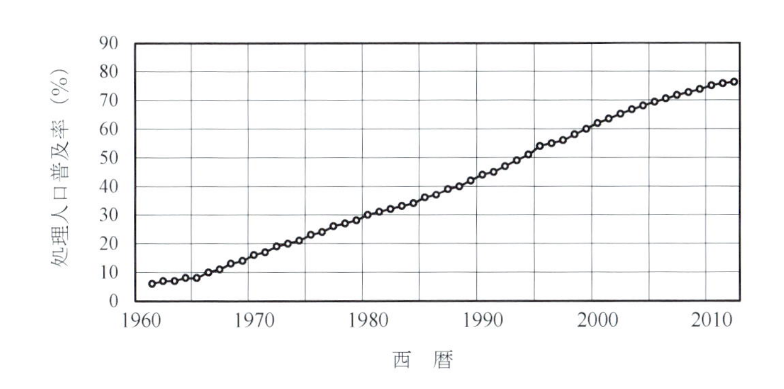

図-55　下水道の普及率

＊水質基準には、生活環境の保全に関する生活環境項目6項目と、人の健康保護に関する健康項目26項目がある。生活環境項目は、pH、BOD、SS、DOなどで、健康項目は、カドミウム、鉛などである。

＊生活環境項目のうち、BOD基準を満足している地点数の割合では、68％（1976年）→75％（1995年）→91％（2011年）と改善されている。現在

は油類流出による水質事故が多い。河川は着実に水質改善されているが、湖沼は富栄養化や淡水赤潮のため、あまり改善されていない。

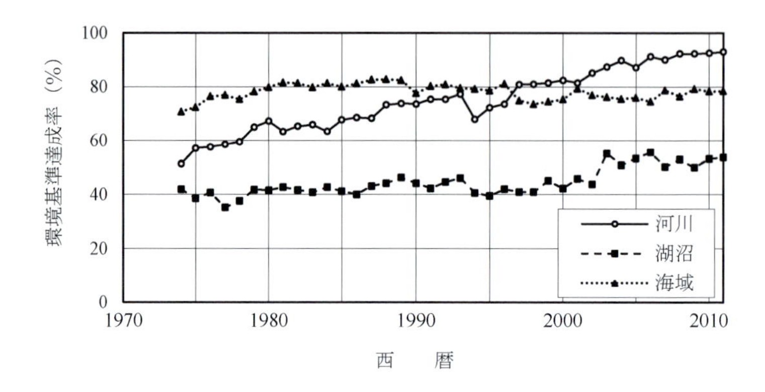

図-56　水質基準を満足している地点数の割合
（河川はBOD、湖沼・海域はCODで評価されている）

＊河川環境管理基本計画に基づいて、河川空間の保全と利用を適正に行う。計画では、河川空間配置計画や拠点整備計画などを策定する。

＊河川水辺の国勢調査は平成2年より開始され、6項目の生物調査、河川環境基図作成調査、河川空間利用実態調査が行われている。生物調査は5年で6項目を一巡させる。

生物調査：魚介類、底生動物、植物、鳥類、両生類・は虫類・ほ乳類、陸上昆虫類等（ダム湖ではプランクトンを加えた7項目）。

河川環境基図作成調査：植生、瀬・淵など。

＊河川に親しんでもらうために、親水性を持たせた護岸、階段護岸が設置されている。

河川施設の建設にあたって、自然に近い多自然川型づくりを目指している。

＊正常流量＝維持流量＋水利流量

漁業、動植物の保護、河川管理施設の保護など9項目あり、特にアユやウグイなどの生息に必要な瀬の水深（流量）を確保。

［参考文献］

- 末次忠司：河川技術ハンドブック、鹿島出版会、2010年
- 末次忠司：図解雑学 河川の科学、ナツメ社、2005年

土壌・地下水汚染

流域管理の観点では、河川水質だけでなく、土壌・地下水汚染についても見ておく。

＊昔は、鉛やカドミウムなどの重金属による農地汚染が多かった。
＊最近は、有機塩素化合物、ダイオキシン、重金属などによる市街地汚染が多い。
「体感しにくい、長期間にわたる」のが特徴
例）ダイオキシン：焼却施設で発生→大気中へ拡散→地上に落下→土壌や川・海へ→呼吸や食品を通じて体内へ→発ガンの危険性
＊土壌・地下水汚染は、野積みされた有害物質や工場廃水が地下へ浸透して発生したり、地盤強化剤が汚染を引き起こすなどの事例がある。
＊対策：汚染土壌を掘削または封じ込め、汚染土壌・地下水を浄化する。
浄化対策としては、掘削除去、封じ込め、原位置浄化、活性炭吸着がある。
掘削除去：浄化した土壌を埋め戻し。
封じ込め：矢板や地中連続壁で封じ込める。
原位置浄化：栄養剤注入により微生物分解させたり、フェントン試薬で分解する。
活性炭吸着：VOC（揮発性有機化合物）を物理的に吸着して捕集する。

［参考文献］

- NPO土壌汚染技術士ネットワーク：イラストでわかる土壌汚染、山海堂、2007年

環境影響評価

河川環境にとって、環境影響評価（法アセス）は重要である。

＊湛水面積1km^{2}以上のダム・堰、土地改変面積1km^{2}以上の放水路建設の場合、第1種事業として、環境影響評価が義務付けられている。他の事業は、第2種事業として評価を実施するかどうかのスクリーニングを行い、事業地の行政機関が知事の意見を聞いて判断する。

＊環境影響評価は最初にスコーピングとして、評価実施方法（方法書）を決め、その後調査・予測・評価の環境影響評価を行う。最後に結果案（準備書）を作成し、評価結果（評価書）をまとめる。

評価項目例：工事関連項目：粉じん、騒音、振動、廃棄物など。

ダム供用・貯水池等の関連項目：水温、富栄養化、溶存酸素、土壌環境、景観。

両者の関連項目：水の濁り、水素イオン濃度、動物、植物、生態系など。

＊準備書に対しては住民・首長の意見を聞き、評価書に対しては国土交通大臣の意見を聞く必要がある。

＊法アセスの手続きの特徴は、調査・予測・評価を一律ではなく、地域等の特性にあわせて行っていることと、その地域に住んでいない住民でも意見を言うことができることである。

＊河川関係（国）では、6件が手続き完了しており、すべてダム事業である。

表-17　法アセスの手続きが完了した主要施設

水系名	河川名	施設名	管理者・ダム種類
利根川	片品川	戸倉ダム	水機構・多目的ダム
筑後川	小石原川（こいしわら）	小石原川ダム	水機構・多目的ダム
祓川（はらい）	祓川	伊良原ダム	福岡県・多目的ダム
豊川	寒狭川（かんさ）	設楽ダム（したら）	国交省・多目的ダム
肱川	河辺川	山鳥坂ダム（やまとざか）	国交省・洪水調節ダム

＊法手続き後は、管理開始までの調査（モニタリング）や管理開始後の調査（フォローアップ）を行う。

［参考文献］

- 末次忠司：河川技術ハンドブック、鹿島出版会、2010年
- 環境省環境影響評価情報支援ネットワーク・ホームページ

生態系

生態系の特徴だけでなく、生態系間の関係をよく見ておく必要がある。

＊河川では生態系の間で相互関係が見られる。
ほ乳類が上位にくるが、環境変化に敏感で対応が速い猛禽類（鳥類の一部）が生態系の頂点に位置する（∵ほ乳類のリスを食べる鳥もいるし、大型ほ乳類は大きく移動しない）。

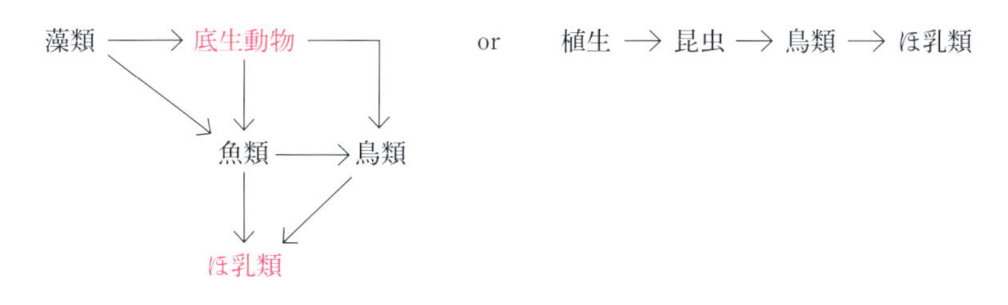

図-57 生態系間の食物連鎖の関係

＊洪水が発生すると攪乱が起こり、生態系にとって良い環境となる。例えば、洪水に伴う土砂移動により、石表面の古い藻類がはがれ、その後魚類にとってフレッシュな藻類となる。
＊魚類にとって、水深の多様性や河床・河岸の空隙が重要となる。
河床形態は、水深が浅い瀬（早瀬、平瀬）、水深が深い淵、両者の中間の

トロがある。

表-18　瀬・淵の特徴と魚類の活動

瀬	淵
・水深小、流速大 ・えさ場 ・アユやカジカの産卵	・水深大、流速小 ・瀬からえさが流入 ・魚の休息・避難・睡眠 ・コイやカワムツの生息

注）河床の空隙は魚の産卵・生息場となる

*河川外来種は特に外来植生が多く、以下の種などが環境悪化を引き起こしている。

植生：セイタカアワダチソウ、ハリエンジュ

魚類：ブラックバス、ブルーギル

は虫類：アカミミガメ

貝類：スクミリンゴガイ

［参考文献］

- 末次忠司：河川技術ハンドブック、鹿島出版会、2010年
- 沼田真監修、水野信彦・御勢久右衛門著：河川の生態学 増訂版、築地書館、1993年

環境影響を軽減する方法

環境に与える影響を最小限にするミティゲーション手法がある。

*洪水流下能力向上→堤防嵩上げ→堤防上の樹木伐採←（対策）移植

*洪水流下能力向上→河道掘削←（対策）河床高に変化をつけた掘削

低々水路のように、河床高に変化をつける、または高水敷の掘削。

＊河岸侵食対策→護岸建設→植生の除去←（対策）ポーラスコンクリート護岸の建設。

＊河岸侵食対策→護岸建設←（対策）伏流水を遮断しないようなカゴマット工、水制の設置。

練積み工・練張り工ではなく、空隙のある空積み工・空張り工とする。

＊ダム・堰等の横断工作物の建設→魚の往来遮断←（対策）魚道の設置。

写真-16　長良川河口堰の魚道

＊ダム貯水池の堆砂→下流への土砂供給量の減少←（対策）置き土、バイパス

置き土にあたっては、細粒土はSSを増加させるので注意する。

＊ダム貯水池の水質悪化←（対策）曝気（ばっき）施設

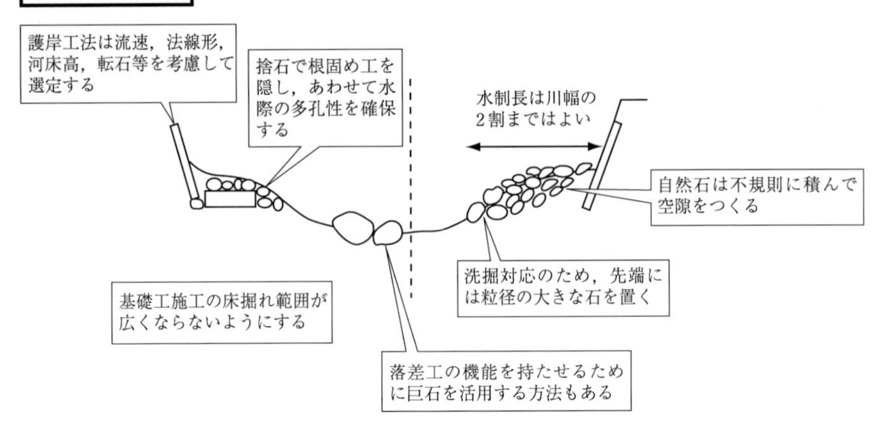

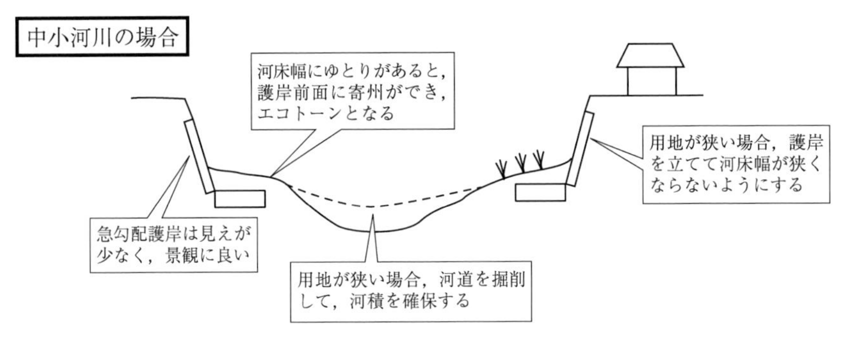

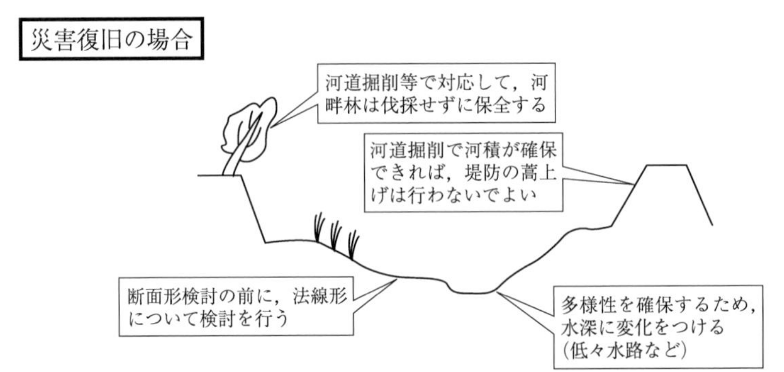

図-58　環境に配慮した河川改修のポイント（1）

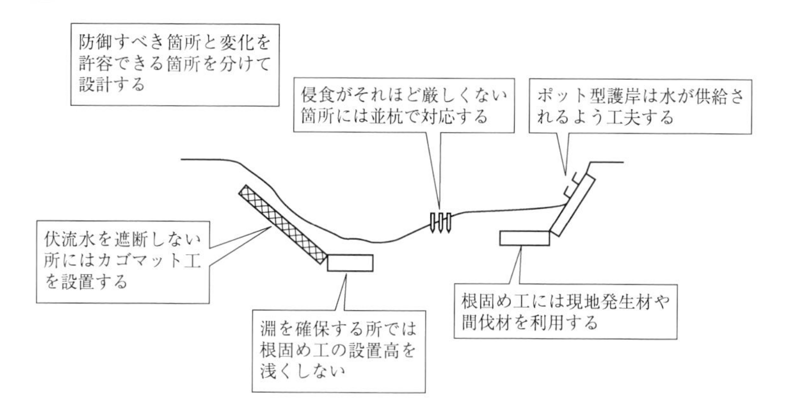

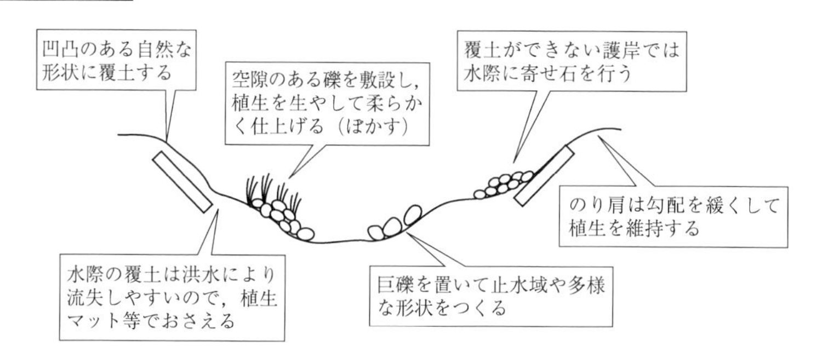

図-58　環境に配慮した河川改修のポイント (2)

［参考文献］

- 末次忠司：河川技術ハンドブック、鹿島出版会、2010年
- 多自然川づくり研究会編：多自然川づくりポイントブック 河川改修時の課題と留意点、リバーフロント整備センター、2007年

河川利用

河川は、かつての舟運に代わって、散策やスポーツなどによく利用されている。

＊明治末頃までは河川の舟運は主要な輸送手段であったが、鉄道の開通や道路網の整備に伴って衰えた。利根川と江戸川を結ぶ利根運河の通船数を見ると、約37,600隻（明治24年）→約30,000隻（明治40年頃）→約16,000隻（大正8年）→約6,500隻（昭和12年）と衰微した。

＊現在、荒川では石油タンカー、ゴミ・し尿輸送、太田川では貨物輸送などに用いられている。また、プレジャーボートの不法係留が問題となっている。

＊内水面漁業のうち、河川（108河川）における漁獲量（平成24年）は約1.8万トンで、さけ類などの魚類が多い。

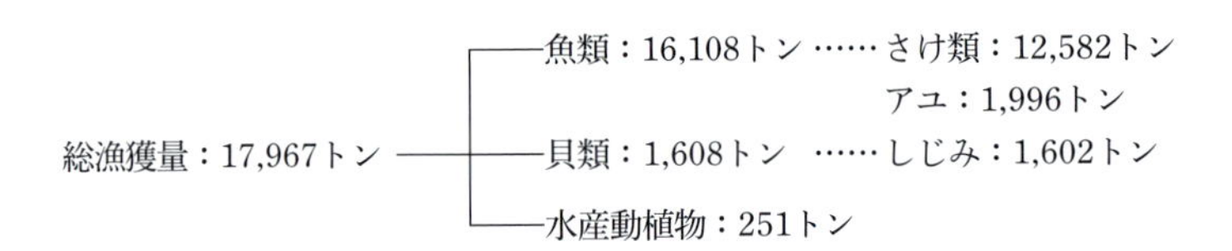

図-59　河川における漁獲量

＊河川空間（1級河川）は公園・緑地に26％、採草地に22％、田畑に22％が利用されている。

＊年間利用者数は利根川（2,700万人）、荒川（2,400万人）、淀川（2,200万人）などで、散策やスポーツなどによく利用されている。

＊河川敷は空港（富山空港）、たこ揚げ大会・花火大会、オープンカフェに利用されている事例もある。

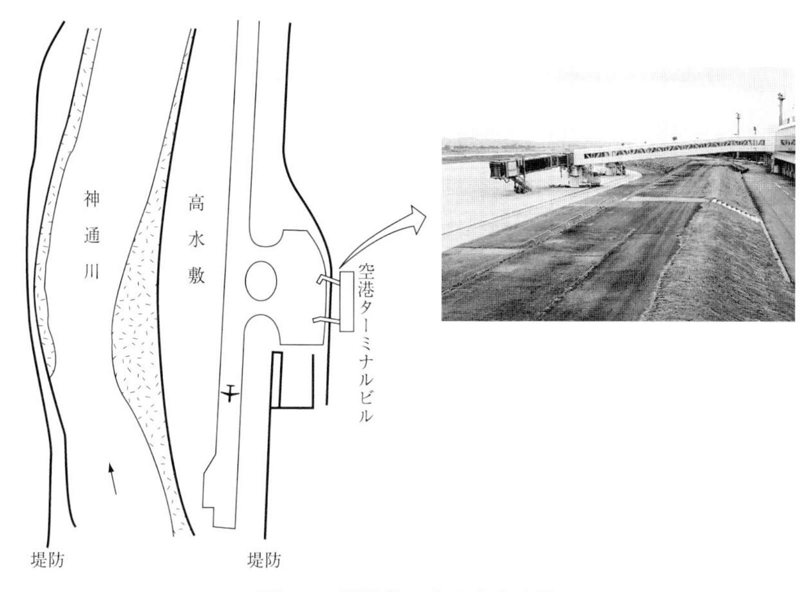

図-60　河川敷にある富山空港

[参考文献]

● 末次忠司：河川技術ハンドブック、鹿島出版会、2010年
● 国土交通省：河川水辺の国勢調査結果

9 管理

行政上の河川管理

各管理者に分けられた区間ごとに、河川管理が行われている。

＊全国には総延長14.4万km（地球を3周半）の法河川がある。
1級河川8.8万km、2級河川3.6万km、準用河川2万km、普通河川
河川法に基づく河川
1級水系の河川は規模にかかわらずすべて1級河川となる。

＊国土交通省は、国土保全上重要な109水系河川（1級水系）のうち、重要な本川区間と支川の一部区間（約1万km）を管理し、残りは都道府県等が管理している。2級水系は約2,700水系ある。
堤防整備率（直轄）：完成堤約6割、完成＋暫定堤8割以上
暫定堤は、計画の高さまたは幅のいずれかを満たしていない堤防
管理者が変わると、整備状況が急に変わる区間がある。

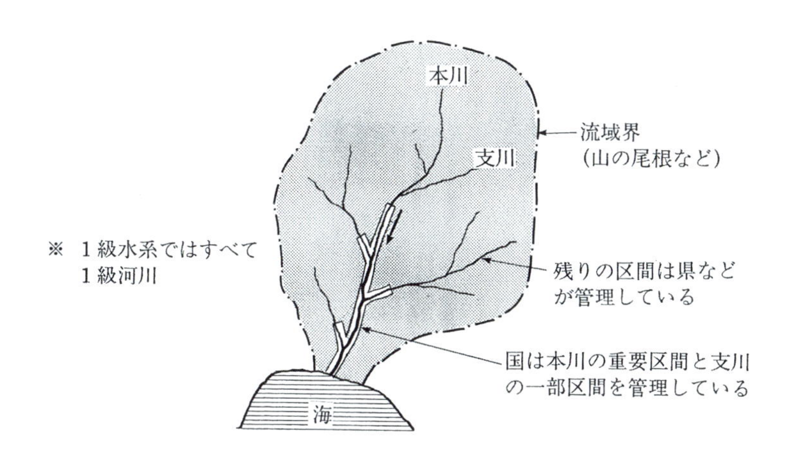

図-61　管理区間の概念図（1級水系の場合）

＊河川は下流から、高潮区間、河道区間、砂防区間などに分けて管理され、河口部は砂州で閉塞しないよう、砂防区間は土砂が下流河道に影響を及ぼさないよう管理されている。

＊堤防の左右岸川裏ののり尻間の区域を河川区域という。河川区域は、第1号（低水路）、第2号（堤防または単断面ののり面）、第3号（高水敷）に分類される。

＊この河川区域に川沿いの堤内地の一部を加えて、河川管理施設を保全する区域を河川保全区域という。

＊洪水時の本川のゲート操作は管理者が行うが、樋門操作などは委託により行われている。
遠隔運転ができる施設もあるが、操作には施設付近の安全確認が必要。

＊洪水時には水防活動が行われるが、活動は水防団員が中心となり、国土交通省事務所が支援する形で行われる。水防団員はほとんどが消防団員の兼務で、全国に約90万人いる。

［参考文献］

● 末次忠司：河川の減災マニュアル、技報堂出版、2009年
● 国土交通省国土技術政策総合研究所監修・水防ハンドブック編集委員会編：実務者のための水防ハンドブック、技報堂出版、2008年

具体的な河川管理

巡視・点検・監視・計測・観察により、施設や河川状況を把握する。

＊河川管理には巡視や点検が必要である。河川巡視では目視により占有、工作物の設置、河川環境の状況を把握する。点検には平常時点検（日常、定期、出水期前）、出水時点検（出水時、臨時）がある。

＊河川管理施設の老朽化

今後20年後に橋梁、水門等の河川管理施設の半数が建設後50年以上となる（他の社会資本施設より老朽化速い）。

更新予算が集中しない施設更新計画を立てて、計画的に更新していく。

＊各所にCCTV（監視カメラ）があり、監視により施設管理されている。

＊ダムの堆砂対策としては、貯水池上流での掘削・浚渫、バイパス、排砂ゲートなどがあるが、管理手法としては掘削・浚渫が多い。

＊地盤が軟弱な地域や大堤防では、自重による堤防の沈下を発見するために定期的にGPSにより堤防高を計測する堤防管理を行う。

＊堤防の変状としては、ブロックの沈下（堤体土砂の吸い出し等）、のり面の横亀裂（河岸・護岸の沈下）、樋門周りの空洞などに注意する。

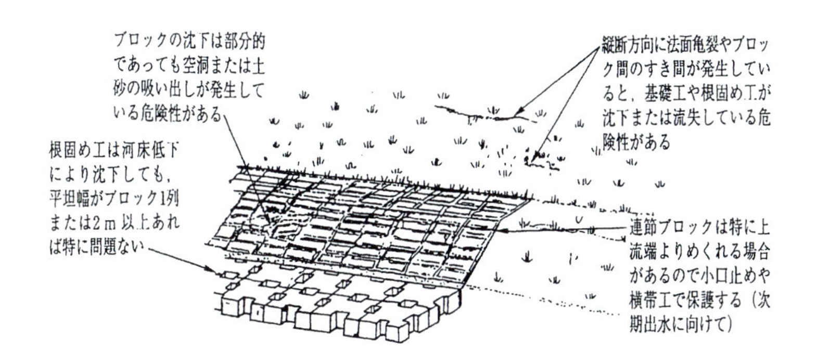

図-62　堤防変状の確認ポイント

出典［末次忠司・川口広司・古本一司ほか：講座 土構造物のメンテナンス6 河川堤防における点検と維持管理、土と基礎 54-8、2006年］

＊河道内樹林が洪水流に悪影響を与えないかどうかを確認し、影響する場合は伐採（または抜根）する。また、樹木伐採後、河原上に堆積した細粒土を排除して、礫を表面に出すことも対策となる。

＊掃流力に対して川幅が広い場合、土砂が堆積して洪水流下能力を減少させる場合があるので、河積のチェックを行い、維持管理に努める。

＊月に一度BODなどの水質観測が行われている。

全国に300カ所以上の水質自動監視装置が設置されていて、水温・濁度・

pHなどの一般的な水質指標の他にシアンの監視などが行われている。

写真-17　水質自動監視装置

［参考文献］

- 末次忠司編著：河川構造物維持管理の実際、鹿島出版会、2009年
- 末次忠司・川口広司他：講座 土構造物のメンテナンス 6.河川堤防における点検と維持管理、土と基礎、54-8、2006年

河川に関係する法律

河川法、森林法、砂防法の治水三法が基本法律となっている。

＊河川法……明治29年に制定された国土保全に関する最初の治水法で、淀川、利根川、木曽川、筑後川などの治水工事を国庫負担で行うために制定された。昭和39年にはダムを念頭に置いた水系一貫主義、利水管理で改正された。平成9年に河川環境の整備と保全のために改正され、計画が河川整備基本方針と河川整備計画に分けられた。

＊砂防法……明治30年に制定された。淀川の行政ルールを根幹とし、砂防

事業実施のための施行法・事業法である。土砂災害関係では他に地すべり等防止法（昭和33年）、急傾斜地崩壊法（昭和44年）、土砂災害防止対策法（平成12年）などがある。

＊水防法……昭和24年に建設省河川局が最初に制定した法律。水防組織（水防管理団体）、水防活動全般について規定している。対象範囲の拡大に伴い、平成17年には洪水ハザードマップの作成・公表の義務化などが打ち出された。

＊災害対策基本法……伊勢湾台風（昭和34年）を契機に、昭和36年に制定された。災害対策の一義的な責任は市町村にあるとし、地域防災計画の作成、災害発生時の処置などについて規定している。

＊環境基本法……公害対策基本法（昭和42年）と自然環境保全法（昭和47年）を改正・統合し、環境保全の基本的施策の枠組みを定めた（平成5年）。環境保全のための国・地方公共団体の責務、環境基本計画の策定、環境影響評価などについて、規定している。

＊特定都市河川浸水被害対策法……大都市の市街化が進んだ河川を対象に、河川管理者・下水道管理者・地方公共団体が一体となって効果的な被害対策を講じるために、平成15年に立案された。管理者が流域水害対策計画を策定し、洪水対策を一本化する。また、浸水が想定される区域を公表し、避難経路や避難場所を位置付けることなどが定められた。

＊水循環基本法……河川、上下水道、農業用水などを一元的に管理・規制する法律で、平成26年に制定された。外国資本による水資源の乱開発防止を行う他、法律で規制されていなかった地下水を国や自治体の管理対象とした。

［参考文献］

● 山本三郎著・国土開発技術研究センター編集：河川法全面改正に至る近代河川事業に関する歴史的研究、日本河川協会、1993年

● 栗城稔・末次忠司：戦後治水行政の潮流と展望、土木研究所資料、第3297号、1994年

マニュアル

政令で上位規程の構造令、全般をまとめた河川砂防技術基準などがあるので、詳細な規定や計算式などは以下のマニュアルを参照されたい。

【全般】

*改定 解説・河川管理施設等構造令：国土技術研究センター、技報堂出版、2000年

*国土交通省 河川砂防技術基準：調査編・計画編・維持管理編（調査編はネットで閲覧可能）

【計画】

*河道計画検討の手引き：国土技術研究センター（ネットで閲覧可能）

*河川堤防の構造検討の手引き：国土技術研究センター、2002年

*増補改訂 雨水浸透施設技術指針［案］調査・計画編：雨水貯留浸透技術協会、雨水貯留浸透技術協会、2006年

【設計】

*河川土工マニュアル：国土技術研究センター、2009年

*改訂 護岸の力学設計法：国土技術研究センター（ネットで閲覧可能）

*床止めの構造設計手引き：国土開発技術研究センター（ネットで閲覧可能）

【経済】

*治水経済調査マニュアル（案）：国土交通省河川局（ネットで閲覧可能。マニュアルは2005年版で、単価やデフレータ等の最新情報は逐次ネットで公開）

*河川に係る環境整備の経済評価の手引き：国土交通省河川局河川環境課（ネットで閲覧可能）

【環境】

*河川水辺の国勢調査マニュアル 基本調査編［河川版］：国土交通省水管理・国土保全局河川環境課（ネットで閲覧可能）

【災害復旧】

＊美しい山河を守る災害復旧基本方針：全国防災協会、2006年

試 験 問 題

問題1　河川に関係する次の質問に答えよ。

① 山地が形成されるまでのプロセスについて述べよ。
② 地形特性からみた氾濫特性の特徴について述べよ。
③ 河川地形の特徴（勾配や蛇行）について述べよ。
④ 洪水の特徴（速さ、流量、水位〜流量）について述べよ。
⑤ 河床低下すると洪水流下能力は増大するが問題も生じる。どのような問題が発生するかについて述べよ。
⑥ 洪水に伴って発生する砂州の特徴について述べよ。
⑦ 水害被害の実態（被害形態、浸水と土砂災害）について述べよ。
⑧ 計画堤防高の決め方について述べよ。
⑨ 人間活動が豪雨や環境に及ぼす影響について述べよ。
⑩ 渇水の実態と対策について述べよ。
⑪ 樹林化が進行する原因について述べよ。
⑫ 河川環境に及ぼす悪影響を軽減する対策の例について述べよ。
⑬ 具体的な河川管理のポイントについて述べよ。

問題2　次の（　　　）にあてはまる適切な言葉または数字を入れよ。

① 平野などの地形は山地などで生産された土砂の流下・堆積により形成される。この土砂生産量は対象流域の年間降雨量、（　　　）、（　　　）、荒廃度により予測することができる。
② 河川水中を流下する土砂はその粒径などにより、（　　　）、（　　　）、ウォッシュロードに分類され、各土砂ごとにその挙動や濃度分布が異なる。
③ 平野へ供給された土砂量はダム堆砂量または平野のボーリングデータにより求めることができ、流域面積当りの比供給土砂量はおおよそ（　　　）〜（　　　）$m^3/s/km^2$の範囲に入ることが多い。

④　氾濫水の氾濫形態は地形特性と密接な関係があり、氾濫流により建物が流失する危険性は氾濫水の流体力であるv^2hで評価される。地形でみると、(　　)でこの値が最も大きくなり、危険性が高い。

⑤　川の蛇行や河岸侵食の程度を知るには、河道特性を把握する必要がある。河道特性を表す指標にセグメントがあり、セグメントMから3までに分類される。セグメントは（　　　）と河床材料の（　　　）により規定される。

⑥　河床形態は中規模河床形態、小規模河床形態などに分類される。中規模河床形態である砂州等の河道地形は平均年最大流量により規定される。また、特徴的な流れとして、河道が湾曲している場合、横断方向に（　　　）の流れが生じ、外岸側に深い地形が形成される。

⑦　水害被害は総雨量よりも時間雨量と強い相関があり、(　　　)mm/h以上で小規模水害が発生することが多く、この雨量は大雨警報の基準雨量に相当する。また、(　　　)mm/h以上で中規模水害が発生することが多く、この雨量は記録的短時間大雨情報の基準雨量の最低値に相当する。

付　録

実務に役立つ書籍

【全般】

＊水理公式集［平成11年版］：土木学会、丸善、1999年
＊沖積河川：山本晃一、技報堂出版、2010年
＊河川技術ハンドブック：末次忠司、鹿島出版会、2010年
＊川の技術のフロント：辻本哲郎監修、技報堂出版、2007年

【土砂】

＊土砂水理学１：河村三郎、森北出版、1982年
＊土石流の機構と対策：高橋保、近未来社、2004年

【洪水の水理】

＊洪水の水理と河道の設計法：福岡捷二、森北出版、2005年

【減災】

＊河川の減災マニュアル：末次忠司、技報堂出版、2009年
＊水害に役立つ減災術：末次忠司、技報堂出版、2011年

参考となる書籍

【全般】

＊図解雑学 河川の科学：末次忠司、ナツメ社、2005年

【地球科学】

＊徹底図解 地球のしくみ：新星出版社編集部、新星出版社、2007年

河川用語一覧表

計画	
河川整備基本方針	長期的な方針で、計画高水流量、計画高水位、川幅、維持流量などが示される
河川整備計画	20〜30年先を目標にした計画で、経済性・環境に配慮した具体的な施設・改修計画
直轄河川区間	国が管理している河川の範囲で、単に直轄という
補助河川区間	県や市が管理している河川の範囲で、単に補助という
環管計画	水量、水質、河川空間の適正管理のための河川環境管理基本計画
堤防法線	堤防の配置方向を表し、大きな洪水時の流向が推定できる
河道計画	
完成堤	計画の高さと幅を満たした堤防
暫定堤	計画の高さまたは幅のどちらかは満たしているが、どちらかを満たしていない堤防
余裕高	堤防高＝計画高水位＋余裕高＋余盛、余裕高は風浪・跳水による水位上昇を見込む高さ
河積	横断方向で見た河道断面積で、通常計画高水位に対して見る
セグメント	河道特性を判断する指標で、河床勾配や河床材料で分類する。急流河川ではセグメント1となる
ショートカット	洪水流下能力を高めるため、湾曲を少なくして距離を短くする方法
掘込河道	堤防のない河道区間
施設	
護岸	堤防や河岸のり面をブロック等で洪水の侵食から守る
床止め	急流河川で洪水時の土砂移動が激しい区間に設置される横断構造物
水制	河岸から直角方向に設置される石積み等で、洪水流が河岸にあたる流体力を軽減する
頭首工	取水用の堰で、農業ではこのように表現する
樋門	川からの取水、川への排水のために堤防内に設けられるゲート付きの内空構造物
伏越	河道が道路や線路下をくぐるために設置される鉛直方向に曲がったトンネル
水文	
ハイエトグラフ	時間ごとの降雨量を示したグラフ
ハイドログラフ	時間ごとの流量または水位を示したグラフ
ティーセン法	流域平均雨量の算定方法で、雨量観測所間の垂直2等分線により流域を分割し、Σ観測所の支配面積×雨量／総面積により求める
環境	
樹林化	河道掘削や大洪水の減少により、樹木が繁茂する現象。流下能力や生態系に影響する
瀬と淵	河床が浅いのが瀬、深いのが淵で、魚類などにとって重要な多様性の一つ
ミティゲーション	環境や生態系に及ぼす悪影響を軽減する方法
栄養塩類	窒素やリンなどの栄養分。湖沼などで多いと富栄養化となる

土砂河床	
河床変動	洪水時に起きる河床の上昇または低下。例えば、河床低下すると流下能力は増加するが、橋梁や護岸に悪影響を及ぼす
砂州	土砂が堆積した状態・場所で、河道特性により分類できる
流砂量	断面を単位時間に通過する土砂量
掃流砂	1mm以上の砂で、河床近くを流下する。河川地形を形成する
浮遊砂	0.1～1mmの砂で、水面近くから河床近くまでの広い範囲で移動する
川幅水深比	砂州の分類に用いられ、この値が大きいと、うろこ状砂州となる
河道掘削	洪水流下能力を増やすために行う河床や河岸掘削で、砂利採取とは異なる
みお筋	河床高の深い箇所を縦断的に見たルートで、堤防に近いと堤防侵食の原因となる
土砂還元	ダム建設による下流河道への土砂供給の減少に対して、河道に人為的に土砂を置いて、河床低下や生態系への悪影響を軽減する方法
洪水	
量水標	水位が見てわかるよう、河岸や橋脚などに設置された目盛り
流観	流量観測の略。大河川では浮子を流して流速を計測し、断面積をかけて流量を求める
H～Q曲線	洪水ごとに流量を観測するのは大変なため、過去の水位、流量データを用いて、曲線化しておく方法
増水期と減水期	洪水流量または水位が増加する時間帯が増水期で、減少する時間帯が減水期
洪水伝播速度	洪水波が下流へ伝播する速度で、一般的な流速の1.5～1.7倍である
河道内貯留	河道が湾曲したり、高水敷が広いと、下流へ流下する洪水流量が減少する現象
偏流	砂州等により洪水流が堤防や河岸に向かう流れで、侵食原因となる
水理	
等流	断面や河床勾配が等しく、水深や流速の変化が少ない流れ
不等流	区間による水深・流速の変化はあるが、時間的な変化は少ない流れ
不定流	河口部など、区間による水深・流速の変化に加えて、時間的な変化もある流れ
フルード数	急流河川では大きな値となり、フルード数が1を超えるときと超えないときで、洪水流計算の仕方を変える必要がある
災害	
外水と内水	洪水が堤防を越えたり、破堤して氾濫することを外水、水路や下水道からの氾濫を内水という
想氾区域	洪水想定氾濫区域のことで、河道の計画高水位より標高が低い地域
ガマ	堤防を通じた浸透水が堤内地から噴出する現象
防災対策	
激特	河川激甚災害対策特別緊急事業の略で、5年以内に復旧させる事業
ドレーン工	のり尻に敷設した礫で堤体内の浸透水を早く排除する対策
水防活動	消防団員と専任の水防団員が行う土のう積み等の防災活動

河川用語一覧表（英語）

ADCP	Acoustic Doppler Current Profiler	**ドップラー流速計**：水中に音波を発射して、浮遊物の反射より流速分布を求める装置
AP	Arakawa Peil	**荒川の基準水位**（霊岸島水位観測所の最低水位）で、他にYP、KPがある。Peilはオランダ語で基準を表す
BCP	Business Continuity Plan	**事業継続計画**：災害発生後も、その影響が少なくなるような事業計画
BOD	Biochemical Oxygen Demand	**生物化学的酸素要求量**：微生物が有機物を酸化分解するのに必要な酸素量で、この値が大きいほど河川水質は悪い
COD	Chemical Oxygen Demand	**化学的酸素要求量**：有機物と無機物の酸化分解に必要な酸素量で、湖沼や海域の水質を表す
CVM	Contingent Valuation Method	**仮想市場評価法**：環境整備事業の経済効果を支払い費用（支払意思額：WTP）などで計測する方法
DO	Dissolved Oxygen	**溶存酸素**：水に溶けている酸素量で、生態系にとってはこの値が大きい方が良い
GIS	Geographic Information System	**地理情報システム**
GPS	Global Positioning System	**全地球測位網**：人工衛星で現在位置を測定するシステム
HWL	High Water Level	**計画高水位**：計画洪水時の河床粗度や水位上昇要因を加味した水位
pH	Pounds Hydrogen	**水素イオン濃度**：pH = 7が中性、pH < 7が酸性
SS	Suspended Solid	採取により求めた**浮遊物質量**で、光学的に計測した濁度とは異なる
TCM	Travel Cost Method	**旅行費用法**：CVMと類似の経済評価方法で、便益を受けるために支払ってもよいと考える旅行費用で計測する
TP	Tokyo Peil	**東京湾平均海面**（中等潮位）のことで、標高の基準となる
VOC	Volatile Organic Compounds	塗料、接着剤、印刷インキなどに使われている**揮発性有機化合物**で、浮遊粒子状物質および光化学スモッグの原因物質の一つ

索　引

著者略歴

末次 忠司（すえつぎ ただし）

山梨大学大学院 医学工学総合研究部附属国際流域環境研究センター 教授

1980年　九州大学 工学部 水工土木学科 卒業
1982年　九州大学 大学院工学研究科 水工土木学専攻 修了
1982年　建設省 土木研究所 河川部 総合治水研究室 研究員
1988年　〃　企画部 企画課 課長補佐
1990年　〃　〃　企画課 課長
1992年　〃　河川部 総合治水研究室 主任研究員
1993年　〃　〃　都市河川研究室 主任研究員
（1993年1月から1994年1月　アメリカ内務省 地質調査所 水資源部）
1996年　〃　〃　都市河川研究室 室長
2000年　〃　〃　河川研究室 室長
2001年　国土交通省 土木研究所 河川部 河川研究室 室長
2001年　〃　国土技術政策総合研究所 河川研究部 河川研究室 室長
2006年　財団法人ダム水源地環境整備センター 研究第一部 部長
2009年　独立行政法人土木研究所 水環境研究グループ グループ長
2010年　山梨大学大学院 医学工学総合研究部 社会システム工学系 教授
博士（工学）、技術士（建設部門）

著書

・藤原宣夫編著：都市の環境デザインシリーズ 都市に水辺をつくる、技術書院、1999年（共著）
・最新トンネルハンドブック編集委員会編：—実務家のための—最新トンネルハンドブック、建設産業調査会、1999年（共著）
・土木学会：水理公式集［平成11年版］、丸善、1999年（共著）
・日本自然災害学会監修：防災事典、築地書館、2002年（共著）
・大島康行監修、小倉紀雄＋河川生態学術研究会多摩川研究グループ著：水のこころ誰に語らん　多摩川の河川生態、紀伊國屋書店、2003年（共著）
・末次忠司：図解雑学 河川の科学、ナツメ社、2005年
・末次忠司：これからの都市水害対応ハンドブック—役立つ41（良い）知恵—、山海堂、2007年
・国土交通省国土技術政策総合研究所監修、水防ハンドブック編集委員会編：実務者のための水防ハンドブック、技報堂出版、2008年（共著）
・末次忠司：河川の減災マニュアル—現場で役立つ実践的減災読本—、技報堂出版、2009年
・末次忠司編著：河川構造物維持管理の実際、鹿島出版会、2009年（共著）
・末次忠司著：河川技術ハンドブック 総合河川学から見た治水・環境、鹿島出版会、2010年
・末次忠司著：水害に役立つ減災術、技報堂出版、2011年
・末次忠司著：もっと知りたい川のはなし、鹿島出版会、2014年

実務に役立つ総合河川学入門

2015年1月30日　第1刷発行

著　者　末次　忠司

発行者　坪内　文生

発行所　鹿島出版会
104-0028　東京都中央区八重洲2丁目5番14号
Tel. 03（6202）5200　振替 00160-2-180883

装幀・DTP：有朋社　　印刷・製本：三美印刷

ISBN 978-4-306-02465-6　C3052　　Printed in Japan

本書の内容に関するご意見・ご感想は下記までお寄せ下さい。
URL : http://www.kajima-publishing.co.jp/
e-mail : info@kajima-publishing.co.jp